高等学校计算机专业规划教材

网络服务器配置与管理

赵尔丹 张照枫 主编

李丹 韩晓霞 张兆信 副主编

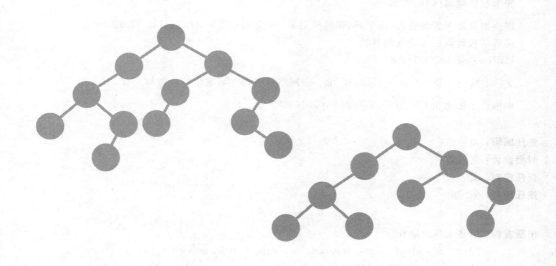

U0215227

清华大学出版社

北 京

内 容 简 介

本书以 Windows 与 Linux 网络操作系统为平台,以案例引导、任务驱动的方式,基于虚拟机的操作环境,讲解网络环境下各种常用服务器的搭建。全书共分 10 章,从内容组织上分为 Windows 网络服务器配置与 Linux 网络服务器配置两大部分,第一部分为 Windows 服务器的配置与管理(第 1~5 章),主要介绍了 Windows 操作系统下如何架设 DHCP 服务器、架设 DNS 服务器、架设 Web 服务器、架设 FTP 服务器和架设邮件服务器;第二部分为 Linux 服务器的配置与管理(第 6~10 章),主要介绍了如何搭建 DHCP 服务器、搭建 DNS 服务器、搭建 Web 服务器、搭建 FTP 服务器、搭建邮件服务器。本书每章都配有相应的实训练习及课后习题,便于读者快速掌握。

本书可作为软件技术、网络技术及计算机应用等相关专业的教材,也可以作为网络管理人员的参考书。

图书在版编目(CIP)数据

网络服务器配置与管理/赵尔丹,张照枫主编. —北京:清华大学出版社,2016(2020.11 重印)
高等学校计算机专业规划教材
ISBN 978-7-302-44187-8

Ⅰ. ①网… Ⅱ. ①赵… ②张… Ⅲ. ①网络服务器-高等学校-教材 Ⅳ. ①TP368.5

中国版本图书馆 CIP 数据核字(2016)第 148283 号

责任编辑:龙启铭
封面设计:何凤霞
责任校对:梁 毅
责任印制:宋 林

出版发行:清华大学出版社
    网　　　址:http://www.tup.com.cn, http://www.wqbook.com
    地　　　址:北京清华大学学研大厦 A 座　　　　邮　　编:100084
    社 总 机:010-62770175　　　　　　　　　　邮　　购:010-83470235
    投稿与读者服务:010-62776969, c-service@tup.tsinghua.edu.cn
    质量反馈:010-62772015, zhiliang@tup.tsinghua.edu.cn
    课件下载:http://www.tup.com.cn,010-83470236
印 装 者:三河市龙大印装有限公司
经　　销:全国新华书店
开　　本:185mm×260mm　　　印　　张:18　　　字　　数:427 千字
版　　次:2016 年 9 月第 1 版　　　　　　　　印　　次:2020 年 11 月第 8 次印刷
定　　价:39.00 元

产品编号:062695-01

前言

随着计算机网络的迅速发展,网络管理在计算机网络中占据着越来越重要的地位。本书以 Windows 与 Linux 为操作平台,基于虚拟机的环境,讲解 Windows 与 Linux 操作系统的常用网络维护,旨在使读者学完本书后能够熟练地进行操作系统下各种常用服务器的搭建与管理工作。

本书以案例引导、任务驱动的方式讲解,每章都包括学习目标、案例情景、项目需求、实施方案、小结、实训练习和课后习题。本书内容丰富、结构清晰。在编写过程中注意难点分散、重点突出。在案例选取方面注重实用性和典型性。

本书共分 10 章。从内容组织上分为 Windows 服务器的配置与管理和 Linux 服务器的配置与管理两大部分。第一部分 Windows 服务器的配置与管理(第 1~5 章),主要介绍 Windows 操作系统下如何架设 DHCP 服务器、架设 DNS 服务器、架设 Web 服务器、架设 FTP 服务器和架设邮件服务器。第二部分 Linux 服务器的配置与管理(第 6~10 章),主要介绍如何搭建 DHCP 服务器、搭建 DNS 服务器、搭建 Web 服务器、搭建 FTP 服务器、搭建邮件服务器。

本书建议采用 72 学时授课,分为理论教学和实训教学两部分,理论与实训教学比例达到 1 : 1。

章　节		理论学时	实训学时	总学时
第一部分 Windows 服务器的配置与管理	第 1 章　架设 DHCP 服务器	2	2	4
	第 2 章　架设 DNS 服务器	4	4	8
	第 3 章　架设 Web 服务器	3	3	6
	第 4 章　架设 FTP 服务器	2	2	4
	第 5 章　架设邮件服务器	4	4	8
第二部分 Linux 服务器的配置与管理	第 6 章　搭建 DHCP 服务器	4	4	8
	第 7 章　搭建 DNS 服务器	4	4	8
	第 8 章　搭建 Web 服务器	5	5	10
	第 9 章　搭建 FTP 服务器	4	4	8
	第 10 章　搭建邮件服务器	4	4	8
合　计		36	36	72

为方便教学，本书提供了最新的教学课件、课后习题答案等教学资源，任课教师可以登录清华大学出版社，免费下载使用。

　　本书由赵尔丹、张照枫担任主编，李丹、韩晓霞、张兆信担任副主编，其中赵尔丹编写第1、2、5、7章，张照枫编写第8、9、10章，李丹编写第3章，韩晓霞编写第6章，张兆信编写第4章，全书由赵尔丹进行统稿。

　　由于时间仓促，加之编者水平有限，书中难免存在纰漏，恳请广大读者批评指正。

编　者

2016 年 5 月

目录

第一部分　Windows 服务器的配置与管理

第 1 章　架设 DHCP 服务器　/3

第 4 章　架设 FTP 服务器　　/103

第 5 章　架设邮件服务器　　/124

第二部分　Linux 服务器的配置与管理

第 6 章　搭建 DHCP 服务器　　/163

第 7 章　搭建 DNS 服务器　　/184

第 8 章　搭建 Web 服务器　　　/207

第一部分
Windows 服务器的配置与管理

第1章

架设 DHCP 服务器

学习目标

- 了解 DHCP 的相关概念。
- 掌握 DHCP 服务的安装。
- 掌握 DHCP 服务器的基本配置方法。
- 掌握 DHCP 客户端的配置方法。
- 理解超级作用域、DHCP 中继代理、多播作用域的配置方法。

案例情景

这是一家上市公司，日常办公使用的计算机大约有 900 多台，服务器 10 台，全部需要连接网络办公。公司部署了无线网络接入作为有线接入的补充，绝大部分职员不会进行网络配置。公司只有两个网络管理人员，负责公司网络的运行。

有将近一半数量的笔记本电脑，员工上班要接入公司网络，下班后在家也要连接网络。

随着网络中计算机数量的迅速增多，网络管理员的日常负担越来越重，疲于应付各个部门人员的计算机连网问题。

项目需求

如果仅仅依靠网络管理员使用手工的方式进行网络配置的更新，会给网络管理员带来沉重的工作负担。寻求自动网络配置的方式成为解决此问题的关键。DHCP 服务器能够为网络中的主机自动配置网络参数，从而达到减少网络管理员工作量的目的。此外，针对公司的网络情况需要，划分多个子网以优化网络的性能。

实施方案

针对企业的需求，部署 Windows Server 2008 DHCP 服务来对网络中的客户端进行网络配置，实现 IP 地址的集中式管理，从而减少网络管理员的工作量，减少人为输入错误。主要实施步骤如下。

（1）安装 DHCP 服务。

（2）创建作用域。根据企业或公司的数量不同，决定需要创建作用域的个数。对于台式机较多的网络，应将租用时间设置得相对较长一些，以减少网络广播。对于笔记本较多的网络，应将租用时间设置得相对短一些，以便于提高 IP 地址的使用效率。

（3）配置保留。对于为特殊用途计算机配置的 IP 地址，应该为其配置保留，不再分配给网络中的其他计算机。

（4）配置服务器级别、作用域级别或被保留客户端级别的选项。

（5）当某一部门的 IP 地址出现不足时，可以考虑建立超级作用域来解决此问题。

1.1　了解 DHCP

在 TCP/IP 网络上，每台工作站在要存取网络上的资源之前，都必须进行基本的网络配置，主要配置参数有 IP 地址、子网掩码、默认网关和 DNS 等。配置这些参数有两种方法：静态手工配置和从 DHCP 服务器上动态获得。

手工配置是曾经使用的方法，在一些情况下，手工配置地址更加可靠，但是这种方法相当费时而且容易出错或丢失信息。

使用 DHCP 服务器动态进行 IP 地址配置，实现了 IP 地址的集中式管理，从而基本上不需要网络管理员的人为干预，节省了网络管理员工作量和宝贵的时间。

1.1.1　了解 DHCP 服务

DHCP 服务是典型的基于网络的客户端/服务器模式应用，其实现必须包括 DHCP 服务器和 DHCP 客户端以及正常的网络环境。

DHCP 的全称是动态主机配置协议（Dynamic Host Configuration Protocol），是一个用于简化对主机的 IP 配置信息进行管理的 IP 标准服务。该服务使用 DHCP 服务器，为网络中那些启用了 DHCP 功能的客户端动态地分配 IP 地址及相关配置信息。

DHCP 负责管理两种数据：租用地址（已分配的 IP 地址）和地址池中的地址（可用的 IP 地址）。下面介绍几个相关的概念。

- DHCP 客户端：是指一台通过 DHCP 服务器来获得网络配置参数的主机。
- DHCP 服务器：是指提供网络配置参数给 DHCP 客户端的主机。
- 租用：是指 DHCP 客户端从 DHCP 服务器上获得并临时占用该 IP 地址的过程。

1.1.2　了解 DHCP 的工作过程

1. DHCP 客户首次获得 IP 租用

DHCP 客户首次获得 IP 租用，需要经过 4 个阶段与 DHCP 服务器建立联系，如图 1.1 所示。

（1）IP 租用请求：DHCP 客户端启动计算机后，会广播一个 DHCPDISCOVER 数据包，向网络中的任意一台 DHCP 服务器请求提供 IP 租用。

（2）IP 租用提供：网络中所有的 DHCP 服务器均会收到此数据包，每台 DHCP 服务器给 DHCP 客户回应一个 DHCPOFFER 广播包，提供一个 IP 地址。

（3）IP 租用选择：客户端从多个 DHCP 服务器接收到提供后，会选择第一个收到的 DHCPOFFER 数据包，并在网络中广播一个 DHCPREQUEST 数据包，表明自己已经接受了一个 DHCP 服务器提供的 IP 地址。该广播包中包含所接受的 IP 地址和服务器的 IP 地址。

（4）IP 租用确认：DHCP 服务器给客户端返回一个 DHCPACK 数据包，表明已经接受客户端的选择，将这一 IP 地址的合法租用以及其他的配置信息都放入该广播包并发送给客户端。

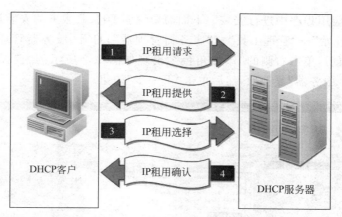

图 1.1 DHCP 的工作过程

2. DHCP 客户进行 IP 租用更新

取得 IP 租用后,DHCP 客户端必须定期更新租用,否则当租用到期,就不能再使用此 IP 地址。具体过程如下。

(1) 在当前租期过去 50% 时,DHCP 客户端直接向为其提供 IP 地址的 DHCP 服务器发送 DHCPREQUEST 数据包。如果客户端收到该服务器回应的 DHCPACK 数据包,客户端就根据包中所提供的新租期以及其他已更新的 TCP/IP 参数,更新自己的配置,完成 IP 租用更新。如果没有收到该服务器的回复,则客户端继续使用现有的 IP 地址。

(2) 如果在租期过去 50% 时未能成功更新,则客户端将在当前租期过去 87.5% 时再次向为其提供 IP 地址的 DHCP 联系。如果联系不成功,则重新开始 IP 租用过程。

(3) DHCP 客户端重新启动时,将尝试更新上次关机时拥有的 IP 租用。如果更新未能成功,客户端将尝试联系现有 IP 租用中列出的默认网关。如果联系成功且租用未到期,客户端则认为自己仍然位于与它获得现有 IP 租用时相同的子网中,继续使用现有 IP 地址。如果未能与默认网关联系成功,客户端则认为自己已经被移到不同的子网上,则 DHCP 客户端将失去 TCP/IP 网络功能。此后,DHCP 客户端将每隔 5 分钟尝试重新开始新一轮的 IP 租用过程。

1.2　安装 DHCP 服务

1.2.1　架设 DHCP 服务器的需求

架设 DHCP 服务器应满足下列要求:
- 使用提供 DHCP 服务的服务器端操作系统。
- DHCP 服务器的 IP 地址、子网掩码等 TCP/IP 参数应该手工指定。

1.2.2　安装 DHCP 服务

在配置 DHCP 服务之前,必须在服务器上安装 DHCP 服务。默认情况下,Windows Server 2008 系统没有安装 DHCP 服务。DHCP 服务可以通过在"服务器管理器"或"初始化配置任务"应用程序中进行安装。下面简要说明 DHCP 服务的安装过程。

（1）选择"开始"→"管理工具"→"服务器管理器"，打开"服务器管理器"窗口。选择左侧"角色"选项后，单击右侧的"添加角色"，出现如图 1.2 所示的"选择服务器角色"窗口，选择"DHCP 服务器"复选项，然后单击"下一步"按钮。

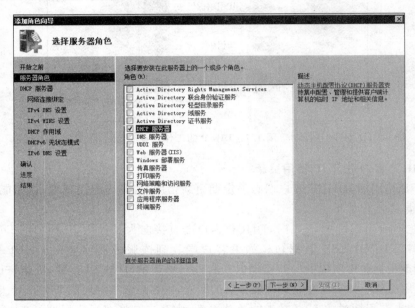

图 1.2 选择服务器角色

（2）在如图 1.3 所示的界面中，对 DHCP 服务器进行了简单的介绍。然后继续单击"下一步"按钮。

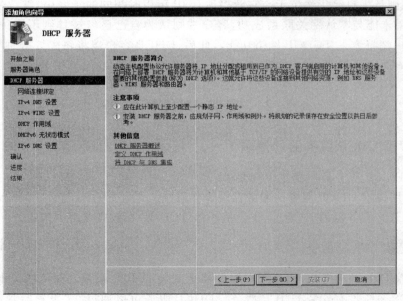

图 1.3 DHCP 服务器简介

（3）在如图 1.4 所示的界面中，系统会自动检测当前已具有静态 IP 地址的网络连接情况，在此选项中需要提供 DHCP 服务的网络连接，单击"下一步"按钮。

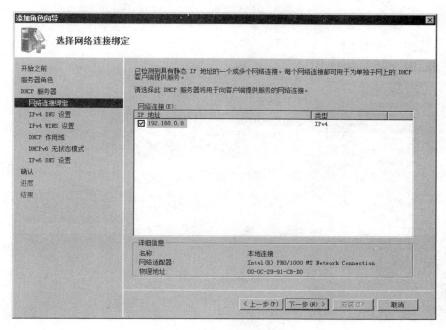

图 1.4　选择网络连接绑定

（4）如果当前服务器中安装了 DNS 服务，则需要在图 1.5 中输入 DNS 服务的相关参数，然后单击"下一步"按钮。

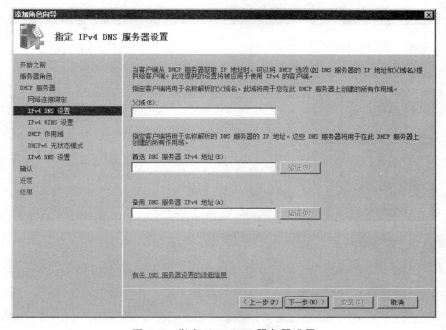

图 1.5　指定 IPv4 DNS 服务器设置

（5）如果网络中还需要 WINS 服务器，则可以在图 1.6 中选择"此网络上的应用程序需要 WINS"项，而且需要输入 WINS 服务器的 IP 地址，然后单击"下一步"按钮。

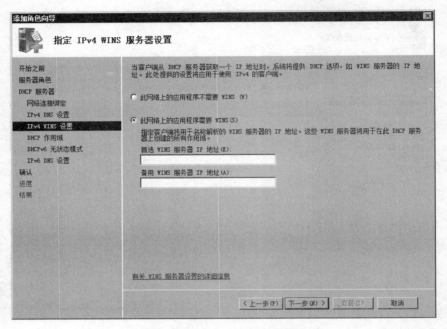

图 1.6　指定 IPv4 WINS 服务器设置

（6）在如图 1.7 所示的界面中，单击"添加"按钮可以进行 DHCP 作用域的设置，单击"编辑"按钮可以对已建立的作用域进行修改，单击"删除"按钮，可以删除作用域。

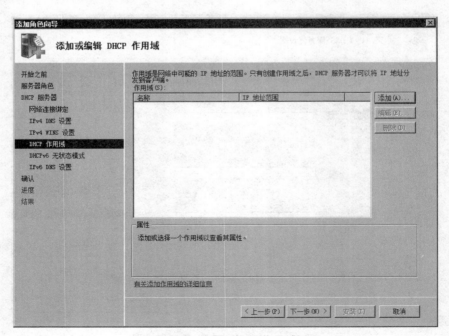

图 1.7　设置 DHCP 作用域

（7）在图 1.7 中单击"添加"按钮后，会出现如图 1.8 所示的界面。

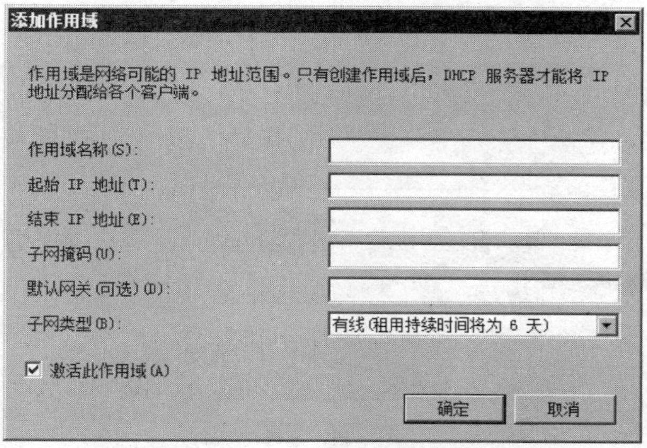

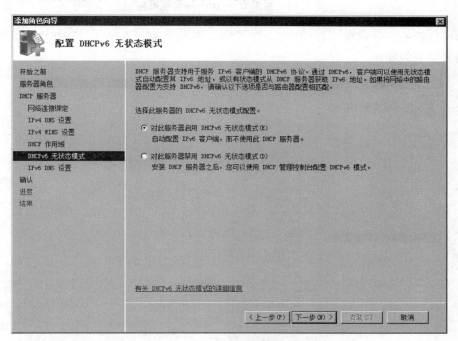

图 1.8　设置 DHCP 作用域的相关参数

（8）Windows Server 2008 的 DHCP 服务器支持用于服务 IPv6 客户端的 DHCPv6 协议。通过 DHCPv6，客户端可以使用无状态模式自动配置其 IPv6 地址，或以有状态模式从 DHCP 服务器获取 IPv6 地址，如图 1.9 所示。

图 1.9　配置 DHCPv6 无状态模式

（9）当客户端从 DHCP 服务器获取 IP 地址时，可以将 DHCP 选项提供给客户端，这个设置将应用于使用 IPv6 的客户端，如图 1.10 所示。

（10）在如图 1.11 所示的界面中显示了 DHCP 服务器的相关配置信息。单击"安装"

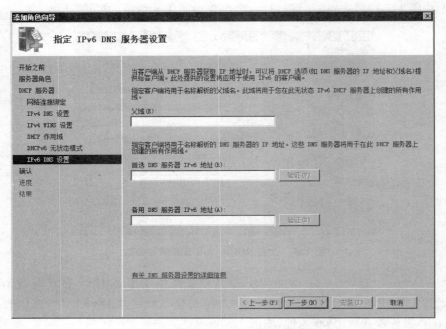

图 1.10　指定 IPv6 DNS 服务器设置

按钮即可以开始安装过程。在图 1.12 中显示了安装进度。在图 1.13 中显示了 DHCP
服务安装完成的界面。

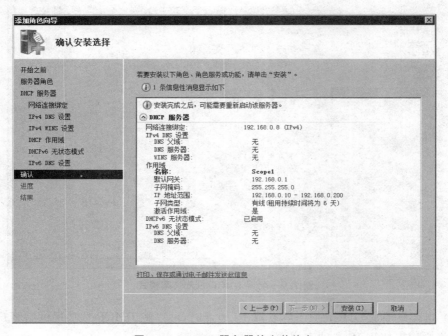

图 1.11　DHCP 服务器的安装信息

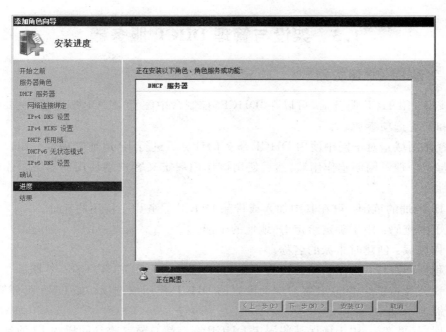

图 1.12　DHCP 服务器的安装进度

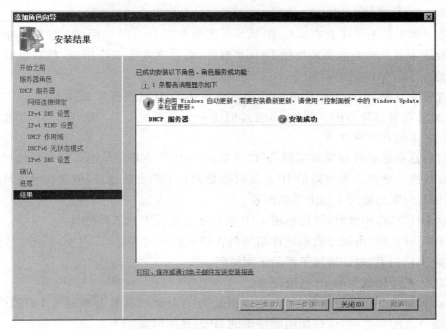

图 1.13　完成 DHCP 服务器的安装

1.3 架设与管理 DHCP 服务器

1.3.1 架设 DHCP 服务器

在安装完 DHCP 服务后,可以在"DHCP"控制台中配置 DHCP 服务器,主要是创建作用域和配置选项参数。

配置作用域是对子网中使用 DHCP 服务的计算机进行 IP 地址管理性分组。管理员首先为每个物理子网创建作用域,然后使用该作用域定义客户端使用的参数。作用域有下列属性。

- IP 地址的范围:可在其中加入或排除 DHCP 服务用于租用的地址。
- 子网掩码:用于确定给定 IP 地址的子网。
- 作用域:创建时指派的名称。
- 租用期限值:指派给动态接收分配的 IP 地址的 DHCP 客户端有效期。
- 任何为指派给 DHCP 客户端而配置的 DHCP 作用域选项:如 DNS 服务器、路由器 IP 地址。
- 保留(可选):用于确保某些固定 DHCP 客户端总是能收到同样的 IP 地址。

DHCP 作用域由给定子网上 DHCP 服务器可以租借给客户端的 IP 地址池组成,如从 192.168.0.1 到 192.168.0.254。

每个子网只能有一个具有连续 IP 地址范围的单个 DHCP 作用域。要在单个作用域或子网内使用多个地址范围来提供 DHCP 服务,必须首先定义作用域,然后设置所需的排除范围。

设置排除范围,应该为作用域中任何不希望由 DHCP 服务器提供或用于 DHCP 指派的 IP 地址设置排除范围。例如,可通过创建 192.168.0.1 到 192.168.0.10 的排除范围,将前 10 个地址排除在外。

通过为这些地址设置排除范围,可以指定在 DHCP 客户端从服务器请求租用配置时永远不提供这些地址。被排除的 IP 地址可能是网络上的有效地址,但这些地址只能在不使用 DHCP 获取地址的主机上手动配置。

创建 DHCP 作用域时,可以使用 DHCP 控制台输入下列所需信息:

- 作用域名称,由用户或创建作用域的管理员指派。
- 用于标识 IP 地址所属子网的子网掩码。
- 包含在作用域中的 IP 地址范围。
- 时间间隔(称为"租用期限"),用于指定 DHCP 客户端在必须通过 DHCP 服务器续订其配置之前,可以使用所指派的 IP 地址的时间。

对作用域使用 80/20 规则:为了平衡 DHCP 服务器的使用率,较好的做法是使用"80/20"规则将作用域地址划分给两台 DHCP 服务器。如果将服务器 1 配置成可使用大多数地址(约 80%),则服务器 2 可以配置成让客户端使用其他地址(约 20%)。

新建作用域时,用于创建它的 IP 地址不应该包含当前已静态配置的计算机(如

DHCP 服务器)的地址。这些静态地址应位于作用域范围外,或者应将它们从作用域地址池中排除。

定义作用域以后,可通过执行下列任务另外配置作用域:

- 设置其他排除范围:可以排除不能租借给 DHCP 客户端的任何其他 IP 地址。应该为所有必须静态配置的设备使用排除范围。排除范围中应包含手动指派给其他 DHCP 服务器、非 DHCP 客户端、无盘工作站或客户端的所有 IP 地址。
- 创建保留:可以选择保留某些 IP 地址,用于网络上特定计算机或设备的永久租用指派。应该仅为网络上启用了 DHCP 并且出于特定目的而必须保留的设备(如打印服务器)建立保留地址。
- 调整租用期限的长度:可以修改指派 IP 地址租用时使用的租用期限。默认的租用期限是 8 天。对于大多数局域网来说,如果计算机很少移动或改变位置,那么默认值是可以接受的,但仍可进一步增加。同时,也可设置无限期的租用时间,但应谨慎使用。

在定义并配置了作用域之后,必须激活作用域,才能让 DHCP 服务器开始为客户端提供服务。但是,在激活新作用域之前,必须为它指定 DHCP 选项。

激活作用域以后,不应该更改作用域地址的范围。

创建作用域的具体步骤如下。

(1)选择"开始"→"管理工具"→"DHCP",弹出如图 1.14 所示的窗口。

(2)右击 IPv4,选择"新建作用域"命令,如图 1.15 所示,弹出"欢迎使用新建作用域向导"界面。

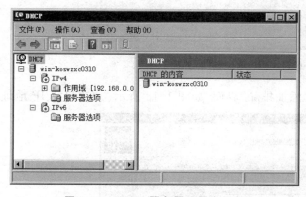

图 1.14　DHCP 服务器配置主界面

图 1.15　"新建作用域"命令

(3)单击"下一步"按钮,弹出"作用域名称"界面,如图 1.16 所示,在"名称"和"描述"文本框中输入相应的信息。

(4)单击"下一步"按钮,弹出"IP 地址范围"界面,如图 1.17 所示。在"起始 IP 地址"中输入作用域的起始 IP 地址,在"结束 IP 地址"中输入作用域的结束 IP 地址,在"长度"文本框中输入设置子网掩码使用的位数,例如,输入 24。设置长度后,在"子网掩码"文本框中会自动出现与该长度对应的子网掩码的设置,如 255.255.255.0。

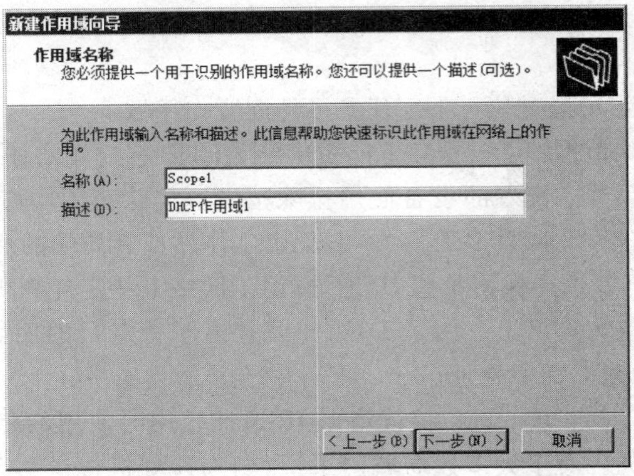

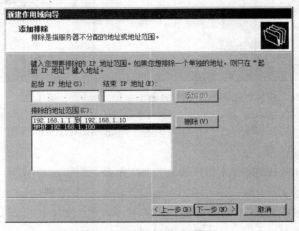

图 1.16　"作用域名称"界面

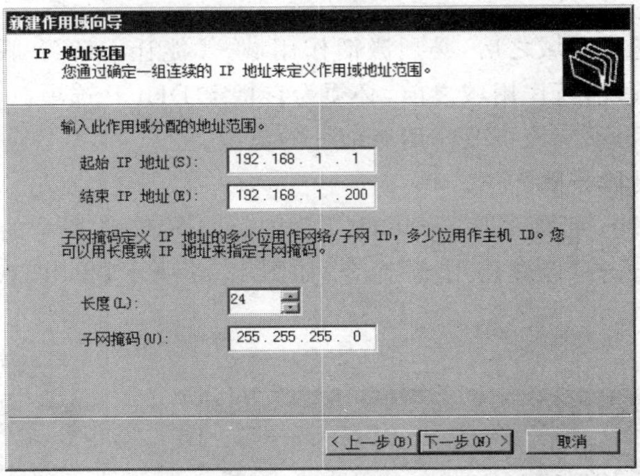

图 1.17　"IP 地址范围"界面

（5）单击"下一步"按钮，弹出"添加排除"界面，如图 1.18 所示。在"起始 IP 地址"和

图 1.18　"添加排除"界面

"结束 IP 地址"中输入要排除的 IP 地址或范围(即可以排除一个 IP 地址或一段 IP 地址),一般情况下,各种服务器(如 Web 服务器、DHCP 服务器、DNS 服务器等)的 IP 地址应该排除掉。然后单击"添加"按钮添加要排除的 IP 地址或范围。

(6) 单击"下一步"按钮,弹出"租用期限"界面,如图 1.19 所示。输入详细租期(包括天、小时和分钟),默认为 8 天。

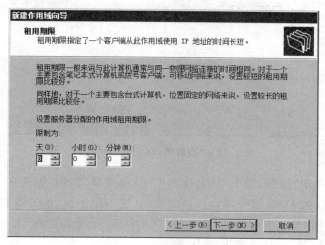

图 1.19　"租用期限"界面

(7) 单击"下一步"按钮,弹出"配置 DHCP 选项"界面,如图 1.20 所示,选择"是,我想现在配置这些选项"。

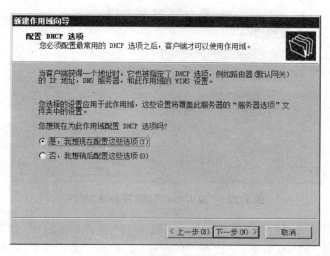

图 1.20　"配置 DHCP 选项"界面

(8) 单击"下一步"按钮,弹出"路由器(默认网关)"界面,如图 1.21 所示。在"IP 地址"中设置 DHCP 服务器发送给 DHCP 客户端使用的默认网关的 IP 地址,单击"添加"按钮添加默认网关的 IP 地址。

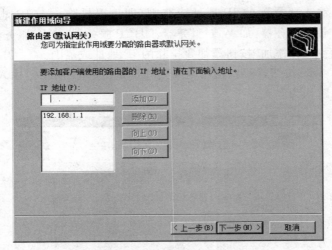

图 1.21 "路由器（默认网关）"界面

（9）单击"下一步"按钮，弹出"域名称和 DNS 服务器"界面，如图 1.22 所示。如果要为 DHCP 客户端设置 DNS 服务器，可以在"父域"文本框中设置 DNS 解析的域名，在"IP 地址"文本框中添加 DNS 服务器的 IP 地址；也可以在"服务器名称"文本框中输入服务器的名称后单击"解析"按钮自动查询其 IP 地址。

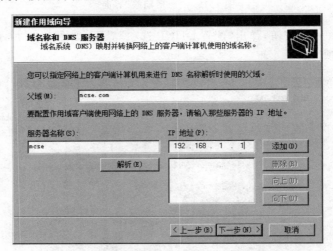

图 1.22 "域名称和 DNS 服务器"界面

（10）单击"下一步"按钮，弹出"WINS 服务器"界面，如图 1.23 所示。如果要为 DHCP 客户端设置 WINS 服务，可以在"IP 地址"文本框中添加 WINS 服务器的 IP 地址，也可以在"服务器名称"文本框中输入服务器的名称后单击"解析"按钮自动查询其 IP 地址。

（11）单击"下一步"按钮，弹出"激活作用域"界面，如图 1.24 所示，选择"是，我想现在激活此作用域"单选按钮。

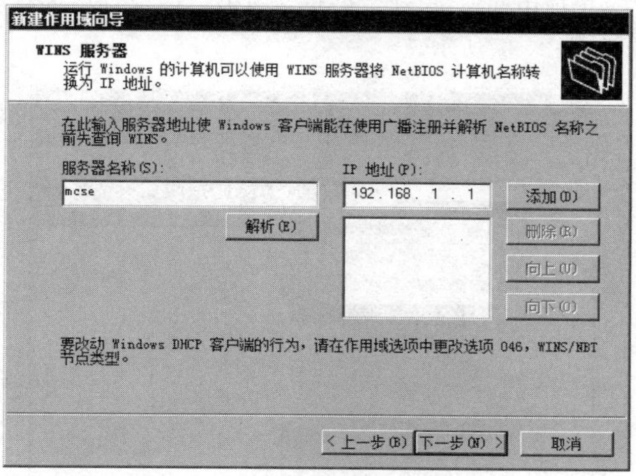

图 1. 23 "WINS 服务器"界面

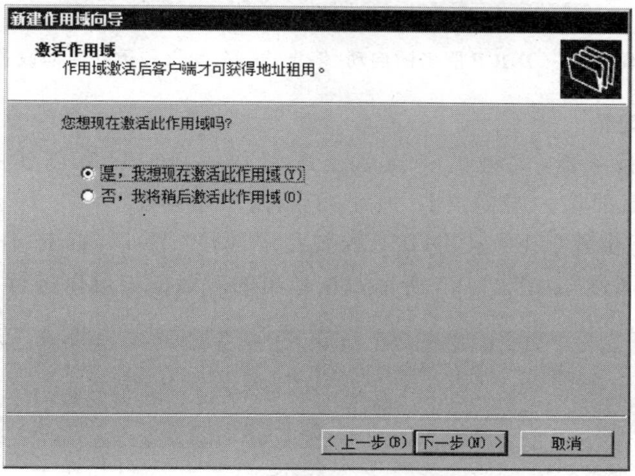

图 1. 24 "激活作用域"界面

（12）单击"下一步"按钮，弹出"新建作用域向导完成"界面，单击"完成"按钮，完成新作用域的创建。

1.3.2 管理 DHCP 服务器

DHCP 服务器在运行一段时间后，由于各种各样的原因，有些设置可能不能够满足日常的需求，这时，管理员可以根据需求对已有的参数进行重新设置。

1. 启动、停止和暂停 DHCP 服务

当要对 DHCP 服务器的配置进行比较大的修改时，网站管理人员就需要将该服务器的服务停止或暂停，并在 DHCP 服务器完成维护工作后再重新启动服务。

（1）使用具有管理员权限的用户账户登录 DHCP 服务器。

（2）选择"开始"→"管理工具"，打开 DHCP 控制台窗口，右击 DHCP 服务器名称，在弹出的"所有任务"菜单项中选择"启动""停止""暂停""继续"或"重新启动"命令,即可进行各项相应的操作,如图 1.25 所示。

图 1.25　DHCP 服务的启动、停止、暂停、继续和重新启动设置

2. 作用域的配置

配置 DHCP 服务器,关键的一点就是配置作用域。只有创建并配置了作用域,DHCP 才能为 DHCP 客户端提供 IP 地址、子网掩码等参数。

作用域的配置步骤如下:在 DHCP 控制台中选择"IPv4",右击"作用域[192.168.1.0]Scope1",选择"属性",如图 1.26 所示。在弹出的对话框中可以进行如下配置。

图 1.26　选择作用域属性界面

(1)"常规"选项卡的设置如下。

• "作用域名称":在该文本框中可以修改作用域的名称,如图 1.27 所示。

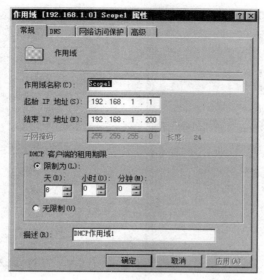

图 1.27 作用域"常规"选项卡

- "起始 IP 地址"和"结束 IP 地址":修改作用域可以分配的 IP 地址范围,但"子网掩码"不可以修改。
- DHCP 客户端的租用期限:可以设置具体的期限,也可以将租用设置为"无限制"。
- 描述:有关作用域的相关信息。

(2)"DNS"选项卡的设置如下。

- "根据下面的设置启用 DNS 动态更新":表示 DNS 服务器上该客户端的 DNS 设置参数如何变化。有两种方式:选择"只有在 DHCP 客户端请求时才动态更新 DNS A 和 PTR 记录(D)"单选按钮,表示 DHCP 客户端主动请求时,DNS 服务上的数据才进行更新;选择"总是动态更新 DNS A 和 PTR 记录"单选按钮,表示 DNS 客户端的参数发生变化后,DNS 服务器的参数就发生变化,如图 1.28 所示。
- "在租用被删除时丢弃 A 和 PTR 记录":表示 DHCP 客户端的租用失效后,其 DNS 参数也被丢弃。
- "为不请求更新的 DHCP 客户端(例如,运行 Windows NT 4.0 的客户端)动态更新 DNS A 和 PTR 记录":表示 DNS 服务器对非动态的 DHCP 客户端也可以执行更新。

(3)"网络访问保护"选项卡的设置:可以在作用域中设置是否启用"网络访问保护"功能。网络访问保护是 Windows Server 2008 新增的一项功能。它确保专用网络上的客户端能够符合管理员定义的系统安全要求。为了能够从 DHCP 服务器无限制地访问 IP 地址配置,客户端计算机必须达到一定的相容级别,例如,安装当前操作系统的更新并启用基于主机的防火墙等。对于不符合要求的计算机,网络访问 IP 地址配置可限制客户端只能访问受限网络或丢弃客户端的数据包,如图 1.29 所示。

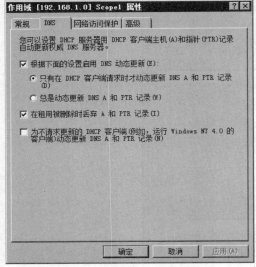

图 1.28 作用域"DNS"选项卡　　　　图 1.29 作用域"网络访问保护"选项卡

（4）"高级"选项卡的设置如下。

① "动态为以下客户端分配 IP 地址"的具体设置如图 1.30 所示。

图 1.30 作用域"高级"选项卡

- 仅 DHCP：表示只为 DHCP 客户端分配 IP 地址。
- 仅 BOOTP：表示只为 Windows NT 以前的一些支持 BOOTP 的客户端分配 IP 地址。
- 两者：表示支持两种类型的客户端。

② "BOOTP 客户端的租用期限"可以设置 BOOTP 客户端的租用期限。

3. 配置作用域地址池

地址池是指存放可供分配的IP地址和排除的IP地址。

对于已经设立的作用域的地址池，可以进行如下配置，具体步骤如下。

(1) 在DHCP控制台中选择"IPv4"→"作用域[192.168.1.0] Scope1"→"地址池"，右击并选择"新建排除范围"命令，如图1.31所示。

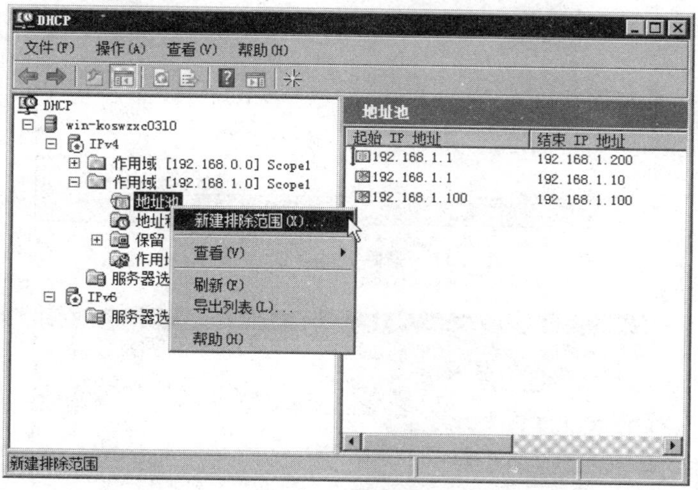

图1.31　选择"新建排除范围"命令

(2) 在弹出如图1.32所示的"添加排除"对话框中，设置地址池要排除的IP地址范围。

另外，当要删除被排除的IP地址池，可以右击某一IP地址池，选择"删除"命令即可，如图1.33所示。

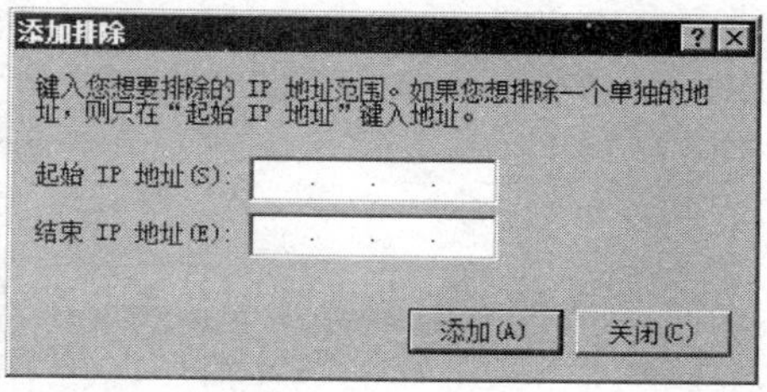

图1.32　"添加排除"对话框

4. 建立保留

有些情况下一些特殊用途的客户端需要使用固定IP地址，如文件服务器、打印服务器等，那么，这时可以为它们设置DHCP保留，即用MAC地址来固定分配IP地址。

保留(Reservation)，是指一个永久的IP地址分配。这个IP地址属于一个作用域，并且被永久保留给一个指定的DHCP客户端。

当需要永久保留一个IP地址的分配时，可以设置DHCP保留。具体步骤如下。

(1) 在DHCP控制台中选择"IPv4"→"作用域[192.168.1.0] Scope1"→"保留"，右击并选择"新建保留"命令，如图1.34所示。

(2) 弹出如图1.35所示的对话框，在"保留名称"文本框中输入要保留主机的名称，在"IP地址"文本框中输入要保留的IP地址，在"MAC地址"中输入客户端的网卡地址，然后单击"添加"按钮即可。

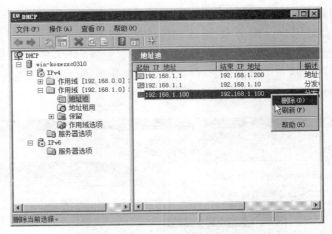

图 1.33　删除"排除地址"界面

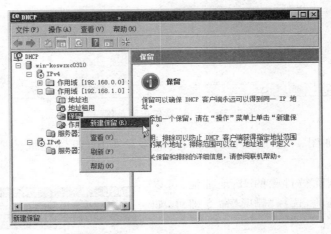

图 1.34　选择"新建保留"命令

5. 查看服务器的统计信息和分配的 DHCP 客户端

（1）查看服务器的统计信息。在 DHCP 控制台中右击"IPv4"，选择"显示统计信息"命令，可打开如图 1.36 所示的界面。

图 1.35　"新建保留"界面

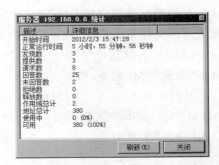

图 1.36　DHCP 服务器的统计信息界面

（2）查看分配的 DHCP 客户端。在 DHCP 控制台中选择"IPv4"→"作用域［192.
168.1.0］Scope1"→"地址租用"，右侧的详细窗格会显示已经分配给 DHCP 客户端的租
用情况，如图 1.37 所示。如果 DHCP 服务器已经成功将 IP 地址分配给客户端，则在该
界面中会显示客户端的 IP 地址、客户端的名称和租用截止日期及类型等信息。

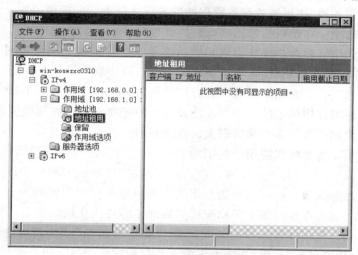

图 1.37　查看分配的 DHCP 客户端

如果要在客户端强制使具有现有租用的客户端放弃它，可以在客户端上的命令提示
符下，输入 ipconfig /release。如果需要为客户端提供一个新的 IP 地址，可以在客户端的
命令提示符下，输入 ipconfig /renew。

如果需要，可取消作用域中所有客户端的租用。要取消当前的所有租用，在"地址租
用"中选择所有客户端，右击并选择"删除"命令。

删除客户端租用不会影响服务器将来为客户端再次提供该 IP 地址。

6. 配置 DHCP 选项

DHCP 选项（DHCP option），是指 DHCP 服务器可以为客户端分配的除了 IP 地址
和子网掩码以外的其他配置参数，如默认网关、首选 DNS 服务器地址等。

使用 DHCP 选项能够提高 DHCP 客户端在网络中的功能。在租用生成的过程中，
服务器为 DHCP 客户端提供 IP 地址和子网掩码，而 DHCP 选项可以为 DHCP 客户端提
供其他更多的 IP 配置参数。

可通过为每个管理的 DHCP 服务器进行不同级别的指派来管理这些选项，包括：

- 服务器选项：将这些选项应用于 DHCP 服务器上定义的所有作用域。
- 作用域选项：这些选项特别应用于在特定作用域内获得租用的所有客户端。
- 类别选项：这些选项仅应用于标识为获得租用时指定的用户或供应商成员的客
  户端。
- 保留选项：这些选项仅应用于单个保留的客户端计算机，并需要在活动的作用域
  中使用保留。

指派选项可以从如下几个不同的级别管理 DHCP 选项：

- 预定义选项。在这一级,可以为 DHCP 服务器预定义哪些类型的选项,以便作为可用选项显示在任何一个通过 DHCP 控制台提供的选项配置对话框(如"服务器选项"、"作用域选项"或"保留选项")中。可根据需要将选项添加到标准选项预定义列表或从该列表中删除选项。虽然能够借助这种方式使选项变得可用,但只有进行了服务器、作用域或保留管理性配置后才能为它们赋值。
- 服务器选项。在此赋值的选项(通过"常规"选项卡)默认应用于 DHCP 服务器中的所有作用域和客户端或由它们默认继承。此处配置的选项值可以被其他值覆盖,但前提是在作用域、选项类别或保留客户端级别上设置这些值。
- 作用域选项。在此赋值的选项(通过"常规"选项卡)仅应用于 DHCP 控制台树中选定的适当作用域中的客户端。此处配置的选项值可以被其他值覆盖,但前提是在选项类别或保留客户端级别上设置这些值。
- 保留选项。为那些仅应用于特定的 DHCP 保留客户端的选项赋值。要使用该级别的指派,必须首先为相应客户端在向其提供 IP 地址的相应 DHCP 服务器和作用域中添加保留。这些选项为作用域中使用地址保留配置的单独 DHCP 客户端而设置。只有在客户端上手动配置的属性才能替代在该级别指派的选项。
- 类别选项。使用任何选项配置对话框("服务器选项"、"作用域选项"或"保留选项")时,均可单击"高级"选项卡来配置和启用标识为指定用户或供应商类别的成员客户端的指派选项。

　　根据所处环境,只有那些根据所选类别标识自己的 DHCP 客户端才能分配到为该类别明确配置的选项数据。例如,如果在某个作用域上设置类别指派选项,那么只有在租用活动期间表明类别成员身份的作用域客户端才能使用类别指派的选项值进行配置。对于其他非成员客户端,将使用从"常规"选项卡设置的作用域选项值进行配置。

　　此处配置的选项可能会覆盖在相同环境("服务器选项"、"作用域选项"或"保留选项")中指派和设置的值,或在更高环境中配置的选项继承的值。但在通常情况下,客户端指明特定选项类别成员身份的能力是能否使用此级别选项指派的决定性标准。

　　下列原则可以有助于确定对于网络上的客户端使用什么级别指派这些选项:

- 只有在拥有需要非标准 DHCP 选项的新软件或应用程序时,才要添加或定义新的自定义选项类型。
- 如果 DHCP 服务器管理着大型网络中的多个作用域,那么在指派"服务器选项"时应细心选择。除非覆盖这些选项,否则在默认情况下这些选项适用于 DHCP 服务器计算机的所有客户端。
- 请使用"作用域选项"指派客户端使用的大多数选项。在多数网络中,通常首选这一级别用于指派和启用 DHCP 选项。
- 如果存在需求各不相同的 DHCP 客户端,并且它们能在取得租用时指明 DHCP 服务器上的某个特定类别,那么请使用"类别选项"。例如,如果有一定数量的 DHCP 客户端计算机运行 Windows 2003,则可将这些客户端配置为接收不用于其他客户端的供应商特定选项。
- 对网络中有特殊配置要求的个别 DHCP 客户端,可使用"保留选项"。

- 对于任何不支持 DHCP 或不推荐使用 DHCP 的主机(计算机或其他网络设备)，也可以考虑为那些计算机和设备排除 IP 地址，而且直接在相应主机上手动设置 IP 地址。例如，经常需要静态地配置路由器的 IP 地址。

在为客户端设置了基本的 TCP/IP 配置设置(如 IP 地址、子网掩码)之后，大多数客户端还需要 DHCP 服务器通过 DHCP 选项提供其他信息。其中最常见的包括：

- 路由器。DHCP 客户端所在子网上路由器的 IP 地址首选列表。客户端可根据需要与这些路由器联系以转发目标为远程主机的 IP 数据包。
- DNS 服务器。可由 DHCP 客户端用于解析域主机名称查询的 DNS 名称服务器的 IP 地址。
- DNS 域。指定 DHCP 客户端在 DNS 域名称解析期间解析不合格名称时应使用的域名。

在配置了 DHCP 作用域之后，就可以配置 DHCP 选项了，包括服务器级别、作用域级别、类级别和被保留的客户端级别的选项。下面，以作用域级别的选项为例来说明。

(1) 在 DHCP 控制台中选择"IPv4"→"作用域[192.168.1.0]Scope1"→"作用域选项"，右击并选择"配置选项"命令，如图 1.38 所示。

(2) 选中相应的复选框，进行配置即可，如图 1.39 所示。

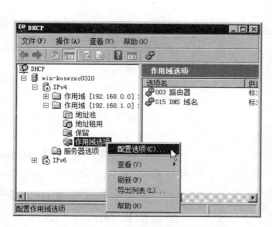

图 1.38　选择"配置选项"命令

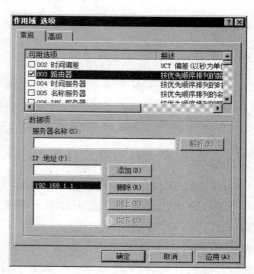

图 1.39　配置选项相应参数配置

1.4　部署复杂网络的 DHCP 服务器

1.4.1　配置多播作用域

多播作用域是通过使用多播地址动态客户分配协议(Multicast Address Dynamic Client Allocation Protocol,MADCAP)来支持的，这是一种新提议的用于进行多播地址分配的标准协议。MADCAP 协议说明多播地址分配(或 MADCAP)服务器如何动态地将 IP 地址提供给网络上的其他计算机（MADCAP 客户端）。

多播作用域用于将 IP 流量广播到一组具有相同地址的节点，一般用于音频或视频会议。因为数据包一次被发送到多播地址，而不是分别发送到每个接收者的单播地址，所以多播地址简化了管理，也减少了网络流量。多播作用域不能被分配给超级作用域。超级作用域只能管理单播地址作用域。创建好的多播作用域如图 1.40 所示。多播作用域的相关参数为：

图 1.40　多播作用域

- 名称及描述：多播作用域的名称及关于该多播作用域的描述信息。
- IP 地址范围：可以指定的范围在 224.0.0.0～239.255.255.255 之间。
- 生存时间：是多播通信在网络上通过的路由器的数目，默认值为 32。
- 排除范围：是指从多播作用域中排除的多播地址范围。
- 租用期限：默认为 30 天。

1.4.2　配置 DHCP 中继代理

1. 了解 DHCP 中继代理

DHCP 客户端使用广播从 DHCP 服务器处获得租用。除非经过特殊设置，否则路由器一般不允许广播数据包的通过。此时，DHCP 服务器只能为本子网中的客户端分配 IP 地址。因此，应该对网络进行配置使得客户端发出的 DHCP 广播能够传递给 DHCP 服务器。这里有两种解决方案：配置路由器转发 DHCP 广播或配置 DHCP 中继代理。Windows Server 2008 支持配置 DHCP 中继代理。

DHCP 中继代理是指用于侦听来自 DHCP 客户端的 DHCP/BOOTP 广播，然后将这些信息转发给其他子网上的 DHCP 服务器的路由器或计算机。它们遵循 RFC 技术文档的规定。RFC 1542 兼容路由器是指支持 DHCP 广播数据包转发的路由器。

在可路由的网络中实现 DHCP 的策略如下。

（1）每个子网至少包含一台 DHCP 服务器。这种方案要求每个子网至少有一台 DHCP 服务器来直接响应 DHCP 客户端的请求，但这种方案潜在地需要更多的管理工作和更多的设备。

（2）配置 RFC1542 兼容路由器在子网间转发 DHCP 信息。RFC1542 兼容路由器能够有选择性地将 DHCP 广播转发到其他子网中。尽管这种方案比上一种方案更可取，但可能会导致路由器的配置复杂，而且会在其他子网中引起不必要的广播流量。

（3）在每个子网上配置 DHCP 中继代理。这种方案限制了多余广播信息的产生，而且通过为多个子网添加 DHCP 中继代理，只需要一个 DHCP 服务器便可以为多个子网提供 IP 地址，这要比上一种方案更可取。另外，也可以配置 DHCP 中继代理延时若干秒后再转发信息，有效建立首选和辅选的应答 DHCP 服务器。

2. 了解 DHCP 中继代理的工作原理

在 DHCP 客户端与 DHCP 服务器被路由器隔开的情况下，DHCP 中继代理支持它们之间的租用生成过程。这使得 DHCP 客户端能够从 DHCP 服务器那里获得 IP 地址。下面简要描述 DHCP 中继代理的工作过程，如图 1.41 所示。

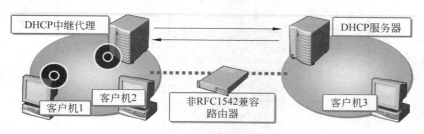

图 1.41　DHCP 中继代理工作过程

（1）DHCP 客户端广播一个 DHCPDISCOVER 数据包。

（2）位于客户端子网中的 DHCP 中继代理使用单播的方式把 DHCPDISCOVER 数据包转发给 DHCP 服务器。

（3）DHCP 服务器使用单播的方式向 DHCP 中继代理发送一个 DHCPOFFER 消息。

（4）DHCP 中继代理向客户端的子网广播 DHCPOFFER 消息。

（5）DHCP 客户端广播一个 DHCPREQUEST 数据包。

（6）客户端子网中的 DHCP 中继代理使用单播的方式向 DHCP 服务器转发 DHCPREQUEST 数据包。

（7）DHCP 服务器使用单播的方式向 DHCP 中继代理发送 DHCPACK 消息。

（8）DHCP 中继代理向 DHCP 客户端的子网广播 DHCPACK 消息。

3. 配置 DHCP 中继代理

为了在多个子网之间转发 DHCP 消息，需要配置 DHCP 中继代理。在配置 DHCP 中继代理时，可以设置跃点计数和启动阈值。

在添加 DHCP 中继代理前，需要先安装"路由与远程访问"服务，该服务在 Windows Server 2008 下默认没有安装，所以先来安装该服务。

安装"路由与远程访问"服务的过程如下。

（1）在"服务器管理器"窗口的"角色"下，单击"添加角色"，或者在"初始配置任务"窗口的"自定义此服务器"下，单击"添加角色"。

（2）在"添加角色向导"中，单击"下一步"按钮。

（3）在服务器角色列表中，选择"网络策略和访问"。单击两次"下一步"按钮。

（4）在角色服务列表中，选择"路由和远程访问"以选择所有角色服务，也可以单独选择服务器角色。

（5）继续执行"添加角色向导"中的步骤，以完成安装。

添加 DHCP 中继代理的过程如下。

（1）依次单击展开"开始"→"管理工具"→"路由和远程访问"。

（2）右击"路由和远程访问"，选择"配置并启用路由和远程访问"命令，如图 1.42 所示。

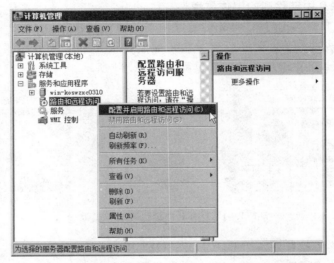

图 1.42　选择"配置并启用路由和远程访问"命令

（3）弹出"路由和远程访问服务器安装向导"面板，单击"下一步"按钮。

（4）在"配置"界面中选择"自定义配置"，如图 1.43 所示。

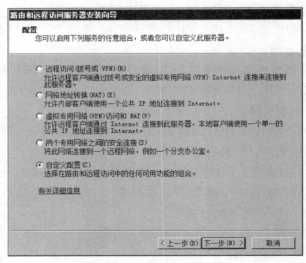

图 1.43　选择"自定义配置"

（5）在"自定义配置"界面中选择"LAN 路由"，如图 1.44 所示。

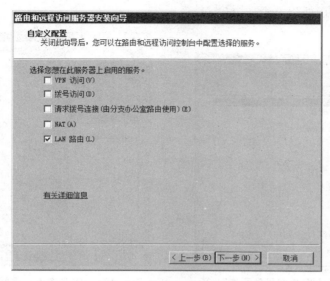

图 1.44　选择"LAN 路由"

（6）单击"下一步"按钮，完成此向导。然后会出现如图 1.45 所示的界面，单击"启动服务"按钮。

（7）在"路由和远程访问"控制台中，展开服务器→"IPv4"，右击"常规"，选择"新增路由协议"命令，如图 1.46 所示。

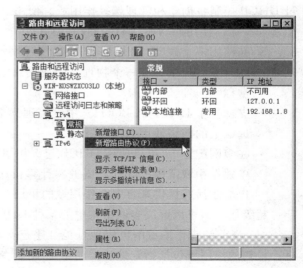

图 1.45　启动路由和远程访问服务　　图 1.46　选择"新增路由协议"命令

（8）在"新路由协议"对话框中，单击"DHCP 中继代理程序"，如图 1.47 所示。然后单击"确定"按钮即可。

（9）配置 DHCP 中继代理。打开"路由和远程访问"控制台，右击"DHCP 中继代理程序",选择"属性"命令,在"常规"选项卡中输入希望转发的 DHCP 服务器的 IP 地址,单击"添加"按钮即可,如图 1.48 所示。

图 1.47　选择"DHCP 中继代理程序"一项

图 1.48　DHCP 中继代理程序的属性设置

1.4.3　配置超级作用域

1. 了解超级作用域

超级作用域是运行 Windows Server 2008 的 DHCP 服务器的一种管理功能,可以通过 DHCP 控制台创建和管理超级作用域。使用超级作用域,可以将多个作用域组合为单个管理实体。使用此功能,DHCP 服务器可以:

- 在使用多个逻辑 IP 网络的单个物理网段(如单个以太网的局域网段)上支持 DHCP 客户端。在每个物理子网或网络上使用多个逻辑 IP 网络时,这种配置通常称为"多网"。
- 支持位于 DHCP 和 BOOTP 中继代理远端的远程 DHCP 客户端(而在中继代理远端上的网络使用多网配置)。
- 在多网配置中,可以使用 DHCP 超级作用域来组合并激活网络上使用 IP 地址的单独作用域范围。DHCP 服务器计算机通过这种方式可为单个物理网络上的客户端激活并提供来自多个作用域的租用。

超级作用域可以解决多网结构中的某种 DHCP 部署问题,包括以下情形:

(1) 当前活动作用域的可用地址池几乎已耗尽,而且还需要往网络添加更多的计算机。最初的作用域包括指定地址类的单个 IP 网络的一段完全可寻址范围。需要使用另一个 IP 网络地址范围以扩展同一物理网段的地址空间。

(2) 客户端必须随时间迁移到新作用域,例如重新为当前 IP 网络编号,从现有的活动作用域中使用的地址范围到包含另一 IP 网络地址范围的新作用域。

(3) 可能希望在同一物理网段上使用两个 DHCP 服务器以管理分离的逻辑 IP 网络。

以下示例显示了一个最初由一个物理网段和一个 DHCP 服务器组成的简单 DHCP

网络,如何扩展为使用超级作用域支持多网配置的网络。

【示例 1-1】 非路由的 DHCP 服务器(无超级作用域之前)。

在本示例中,最初具有一个 DHCP 服务器的小型局域网(LAN)支持单个物理子网,即子网 A,如图 1.49 所示,在此配置中,DHCP 服务器被限制为仅向此同一物理子网上的客户端租用地址。此时,还没有添加超级作用域,并且单个作用域(作用域 1)用来为子网 A 的所有 DHCP 客户端提供服务。

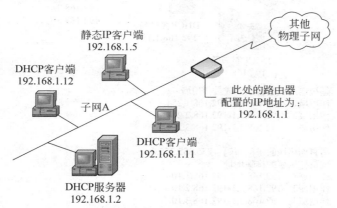

图 1.49 单子网 DHCP

【示例 1-2】 支持本地多网配置的非路由 DHCP 服务器的超级作用域。

要包含为子网 A(DHCP 服务器所在的同一网段)上的客户端计算机实现的多网配置,可以配置包含以下成员的超级作用域:初始作用域(作用域 1)以及用于要添加支持的逻辑多网结构的其他作用域(作用域 2、作用域 3)。

图 1.50 所示显示了支持与 DHCP 服务器处在同一物理网络(子网 A)上的多网结构的作用域和超级作用域配置。

【示例 1-3】 拥有支持远程多网结构的中继代理的路由 DHCP 服务器的超级作用域。

要包含为子网 B(位于子网 A 上从 DHCP 服务器跨越路由器的远程网段)上的客户端计算机实现的多网结构,可以配置包含以下成员的超级作用域:用于要添加远程支持的逻辑多网结构的其他作用域(作用域 2、作用域 3)。

请注意因为多网结构是用于远程网络(子网 B)的,所以最初的作用域(作用域 1)不需要作为被添加的超级作用域的一部分。

图 1.51 显示了支持远离 DHCP 服务器的远程物理网络(子网 B)上的多网结构的作用域和超级作用域配置。

如图 1.51 所示,DHCP 中继代理是 DHCP 服务器用来支持远程子网上客户端的。

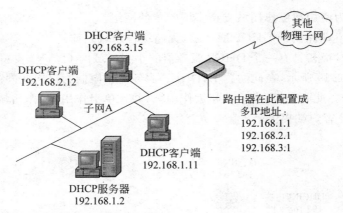

超级作用域包含以下成员作用域：
作用域1：192.168.1.1-192.168.1.254
作用域2：192.168.2.1-192.168.2.254
作用域3：192.168.3.1-192.168.3.254

所有作用域的子网掩码：255.255.255.0
成员作用域的排除地址：
作用域1：192.168.1.1-192.168.1.10
作用域2：192.168.2.1-192.168.2.10
作用域3：192.168.3.1-192.168.3.10

图 1.50　多网 DHCP

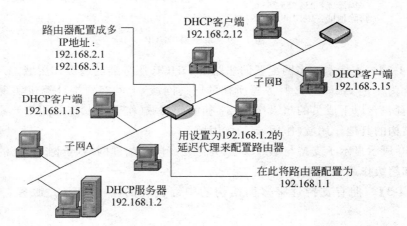

本地子网A的作用域：
作用域1：192.168.1.1-192.168.1.254
子网掩码：255.255.255.0
排除地址：192.168.1.1-192.168.1.10

在此用子网B的成员作用域添加超级作用域：
作用域2：192.168.2.1-192.168.2.254
作用域3：192.168.3.1-192.168.3.254
子网掩码：255.255.255.0
排除地址：
(作用域2)：192.168.2.1-192.168.2.10
(作用域3)：192.168.3.1-192.168.3.10

图 1.51　远程多网中继代理 DHCP

2. 创建超级作用域

创建超级作用域步骤是，单击 DHCP 控制台树中相应的 DHCP 服务器，在"操作"菜单中选择"新建超级作用域"命令。该菜单选项只有至少已在服务器创建了一个作用域（它目前不是超级作用域的一部分）时显示。然后，按照"新建超级作用域向导"中的指示操作即可。

在超级作用域的创建过程中或创建以后，都可将作用域添加至其中。超级作用域中所包含的作用域有时称为"子作用域"或"成员作用域"。

3. 激活超级作用域

激活超级作用域步骤是，在 DHCP 控制台树中，单击相应的超级作用域，单击"操作"菜单上的"激活"命令。

只有新的超级作用域才需要激活。激活超级作用域时，将同时激活该超级作用域中的所有成员作用域，从而允许 DHCP 服务器将该超级作用域中的 IP 地址租用给网络上的客户端。必须激活超级作用域以使其所有成员作用域的 IP 地址可供 DHCP 客户端使用。

在为超级作用域的所有成员作用域指定所需的选项之前，请不要激活超级作用域。

当所选的作用域当前处于激活状态时，"操作"菜单命令会变为"停用"。除非计划永久性地使其成员作用域从网络中退出，否则请不要停用超级作用域。

1.5　配置 DHCP 客户端

1.5.1　设置 DHCP 客户端

让一台计算机成为 DHCP 的客户端的操作步骤比较简单，只需要在本地连接的"Internet 协议版本 4（TCP/IPv4）属性"对话框中选定"自动获得 IP 地址"和"自动获得 DNS 服务器地址"单选框即可，如图 1.52 所示。当然也可以只在 DHCP 服务器上获取部分参数。

1.5.2　DHCP 客户端的租用验证、释放或续订

在运行 Windows 7、Windows Server 2003 或 Windows Server 2008 家族的某个产品且启用了 DHCP 的客户端计算机上，租用会按照既定策略进行更新，如果需要观察或手动的管理可以打开"命令提示符"窗口。使用 ipconfig 命令行实用工具通过 DHCP 服务器验证、释放或续订客户端的租用。

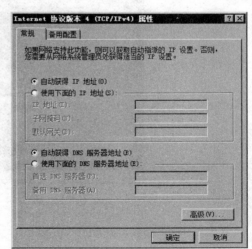

图 1.52　DHCP 客户端的设置

要打开命令提示符，请单击"开始"，依次指向"程序"和"附件"，然后单击"命令提示符"。

要查看或验证 DHCP 客户端的租用，请输入 ipconfig 以查看租用状态信息，或输入

ipconfig /all,如图 1.53 所示。

图 1.53　租用查看

要释放 DHCP 客户端租用,请输入 ipconfig /release,如图 1.54 所示。

图 1.54　租用释放

要续订 DHCP 客户端租用,请输入 ipconfig/renew,如图 1.55 所示。续订成功后相应的参数会发生变化,注意利用 ipconfig/all 观察租期的变化。

1.5.3　设置 DHCP 客户端备用配置

DHCP 客户端备用配置借助 DHCP 客户端备用配置,可以轻松地在两个或多个网络之间转移计算机,一个使用静态 IP 地址配置,另一个或多个使用 DHCP 配置。备用配置

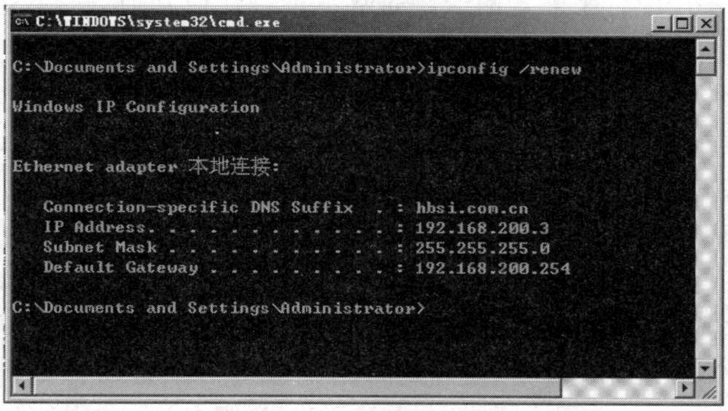

图 1.55 租用的续订

在不需要重新配置网卡参数(如 IP 地址、子网掩码、默认网关、首选和备用的域名服务(DNS)服务器以及 Windows Internet 名称服务(WINS)服务器)的情况下简化了计算机(比如便携式计算机)在网络之间的迁移。

在配置局域网连接的 TCP/IP 属性时,有以下选择:单击"使用下面的 IP 地址"后,可以提供静态 IP 地址设置值,比如 IP 地址、子网掩码、默认网关、首选和备用的 DNS 服务器,以及 WINS 服务器。但是,如果单击了"自动获得 IP 地址"将网卡的配置更改为 DHCP 客户端配置,所有的静态 IP 地址设置都将丢失。此外,如果移动了计算机并针对其他网络进行了配置,当返回到原来的网络时,将需要使用原来的静态 IP 地址设置重新配置该计算机。

1. 没有备用配置的动态 IP 地址配置

如果单击了"自动获得 IP 地址",计算机将充当 DHCP 客户端并从网络上的 DHCP 服务器获得 IP 地址、子网掩码和其他配置参数。如果 DHCP 服务器不可用,将使用 IP 自动配置来配置网卡。

2. 带有备用配置的动态 IP 地址配置

如果在单击"自动获得 IP 地址"时单击了"备用配置"选项卡并输入了备用配置,可以在一个静态配置的网络(如家庭网络)和一个或多个动态配置的网络(如公司网络)之间移动计算机而不用更改任何设置。如果 DHCP 服务器不可用(比如在计算机连接在家庭网络时),则会自动使用备用配置对网卡进行配置,因此计算机能在网络上正常工作。将计算机移回动态配置的网络后,如果 DHCP 服务器是可用的,则会自动使用该 DHCP 服务器分配的动态配置对网卡进行配置。

备用配置仅在 DHCP 客户端无法找到 DHCP 服务器时才被使用。

DHCP 客户端的尝试过程:

(1)如果在没有备用配置的情况下使用 DHCP,并且 DHCP 客户端无法找到 DHCP 服务器,则会使用 IP 自动配置来配置网卡。DHCP 客户端会不断地试图查找网络中的 DHCP 服务器,每隔五分钟查找一次。如果找到 DHCP 服务器,就为网卡指派一个有效的 DHCP 的 IP 地址租用。

(2)如果在有备用配置的情况下使用 DHCP,则当 DHCP 客户端无法找到 DHCP 服

务器时,会使用该备用配置来配置网卡。通常不进行任何其他的查找尝试。但在以下情形中会进行 DHCP 服务器查找尝试:

- 禁用了网卡,然后又重新启用。
- 媒介(如网线)断开后又重新连接。
- 网卡的 TCP/IP 设置被更改,并且在这些更改之后仍启用着 DHCP。

如果找到 DHCP 服务器,就为网卡指派一个有效的 DHCP IP 地址租用。

需要注意的是:静态备用配置可能与网络中其他计算机的配置冲突。例如,使用备用配置的客户端可能与网络中的其他计算机有着相同的 IP 地址。如果是这样,地址解析协议(ARP)会检测到该冲突,使用此备用配置进行配置的计算机网卡将被自动设为 0.0.0.0。不会进行任何其他尝试来查找 DHCP 服务器、获得租用或使用静态备用配置。

在从备用配置切换到使用 IP 自动配置的配置时,将使用 IP 自动配置设置(169.254. x. x)来配置网卡,同时将开始 DHCP 服务器查找尝试。如果查找成功,该卡会被指派一个有效的 DHCP 租用。

使用 DHCP 客户端备用配置的步骤如下。

(1) 打开"本地连接",然后单击"属性",再双击"Internet 协议版本 4(TCP/IPv4)"。

(2) 在"常规"选项卡上,单击"自动获得 IP 地址"。

(3) 单击"备用配置"选项卡,然后单击"用户配置"。

(4) 在"IP 地址"和"子网掩码"中,输入 IP 地址和子网掩码。

(5) 可以执行以下可选任务中的任何一个:

- 在"默认网关"中,输入默认网关的地址。
- 在"首选 DNS 服务器"中,输入主"域名服务(DNS)"服务器地址。
- 在"备用 DNS 服务器"中,输入辅 DNS 服务器地址。
- 在"首选 WINS 服务器"中,输入主"Windows Internet 名称服务(WINS)"服务器地址。
- 在"备用 WINS 服务器"中,输入辅 WINS 服务器地址。

1.5.4 DHCP 客户端可能出现的问题及解决办法

问题 1:DHCP 客户端显示正丢失某些详细网络配置信息或不能执行相关的任务,如解析名称。

原因:客户端可能丢失其租用的配置中的 DHCP 选项,原因是 DHCP 服务器没有进行配置以分配这些客户端,或者客户端不支持由服务器分配的选项。

解决方案:对于 Microsoft DHCP 客户端,检查它是否在选项指派的服务器、作用域、客户端或类别层次上已配置最通用和受支持的选项。

问题 2:DHCP 客户端看来有不正确或不完整的选项,如对其所在的子网而配置的不正确或丢失的路由器(默认网关)。

原因:客户端已指派完整和正确的 DHCP 选项集,但是其网络配置看上去不能正常工作。如果使用不正确的 DHCP 路由器选项(选项代码 3)配置了 DHCP 服务器的客户端默认网关地址，运行 Windows NT、Windows 2000 或 Windows XP 的客户端都能使用正确的地址。但运行 Windows 95 的 DHCP 客户端会使用不正确的地址。

解决方案：针对相应 DHCP 用域和服务器上的路由器（默认网关）选项更改 IP 地址列表。如果在受影响的 DHCP 服务器上将该路由器选项配置为"服务器选项"，请在此处删除它，并在为服务于此客户端的相应 DHCP 作用域的"作用域选项"节点中设置正确的值。

在极少数情况下，必须配置 DHCP 客户端以使用与其他作用域客户端不同的路由器的专用列表。在这种情况下，可以添加保留并配置专用于保留的客户端的路由器选项列表。

问题 3：许多 DHCP 客户端不能从 DHCP 服务器取得 IP 地址。

原因：更改了 DHCP 服务器的 IP 地址且当前 DHCP 客户端不能获得 IP 地址。

解决方案：DHCP 服务器只能对和它的 IP 地址具有相同网络 ID 的作用域请求服务。确保 DHCP 服务器的 IP 地址处于和它所服务的作用域相同的网络范围中。例如，除非使用超级作用域，否则 192.168.0.0 网络中具有 IP 地址的服务器不能从作用域 10.0.0.0 中指派地址。

1.6　授权 DHCP 服务器

当网络上的 DHCP 服务器配置正确且已授权使用时，将提供有用且计划好的管理服务。但是，当错误地配置或未授权的 DHCP 服务器被引入网络时，可能会引发问题。例如，如果启动了未授权的 DHCP 服务器，它可能开始为客户端租用不正确的 IP 地址或者否认尝试续订当前地址租用的 DHCP 客户端。

这两种配置中的任何一个都可能导致启用 DHCP 的客户端产生更多的问题。例如，从未授权的服务器获取配置租用的客户端将找不到有效的域控制器，从而导致客户端无法成功登录到网络。

因为 DHCP 服务是通过网络由服务器和客户端自动协商完成的，所以为了防止网络上非授权的 DHCP 服务器工作，在 Windows 网络中提供了授权机制，只有在域环境下才能完成授权。在工作组环境下不能授权 DHCP 服务器，所以工作中的 DHCP 服务器能够不受限制地运行。

要解决这些问题，在运行 Windows Server 2008 的 DHCP 服务器服务于客户端之前，需要验证是否已在活动目录（活动目录（Active Directory））中对它们进行了授权。这样就避免了由于运行带有不正确配置的 DHCP 服务器或者在错误的网络上运行配置正确的服务器而导致的大多数意外破坏。

授权 DHCP 服务器 Windows Server 2008 家族为使用活动目录（Active Directory）的网络提供了集成的安全性支持。它能够添加和使用作为基本目录架构组成部分的对象类别，以提供下列增强功能：

- 用于授权在网络上作为 DHCP 服务器运行的计算机的可用 IP 地址列表。
- 检测未授权的 DHCP 服务器以及防止这些服务器在网络上启动或运行。

DHCP 服务器计算机的授权过程取决于该服务器在网络中的安装角色。在 Windows Server 2008 家族中,每台服务器计算机都可以安装成三种角色(服务器类型):

- 域控制器。该计算机为域成员用户和计算机保留和维护活动目录(活动目录)数据库并提供安全的账户管理。
- 成员服务器。该计算机不作为域控制器运行,但是它加入了域,在该域中,它具有活动目录数据库中的成员身份账户。
- 独立服务器。该计算机不作为域控制器或域中的成员服务器运行。相反,服务器计算机通过可由其他计算机共享的特定工作组名称在网络上公开自己的身份,但该工作组仅用于浏览,而不提供对共享域资源的安全登录访问。

如果部署了活动目录,那么所有作为 DHCP 服务器运行的计算机必须是域控制器或域成员服务器才能获得授权并为客户端提供 DHCP 服务。

可以将独立服务器用作 DHCP 服务器,前提是它不在有任何已授权的 DHCP 服务器的子网中(不推荐该方法)。如果独立服务器检测到同一子网中有已授权的服务器,它将自动停止向 DHCP 客户端租用 IP 地址。

运行 Windows Server 2008 的 DHCP 服务器通过使用对 DHCP 标准的如下特定增强,提供对授权和未授权服务器的检测功能:

- 在使用 DHCP 信息消息 (DHCPINFORM) 的 DHCP 服务器之间使用了信息交流。
- 增加了几个新的供应商特定选项类型,用于交流有关根域的信息。

运行 Windows Server 2008 的 DHCP 服务器使用以下过程来确定活动目录(Active Directory)是否可用。如果检测到服务器,DHCP 服务器会根据它是成员服务器还是独立服务器按照以下过程来确保它已得到授权:

- 对于成员服务器(已加入到企业所包含的域的服务器),DHCP 服务器将查询活动目录中已授权的 DHCP 服务器的 IP 地址列表。该服务器一旦在授权列表中发现其 IP 地址,便进行初始化并开始为客户端提供 DHCP 服务。如果在授权列表中未发现自己的地址,则不进行初始化并停止提供 DHCP 服务。如果安装在多个林的环境中,DHCP 服务器将仅从它们所在的林内寻求授权。一旦获得授权,多个林环境中的 DHCP 服务器即可向所有可访问的客户端租用 IP 地址。因此,如果来自其他林的客户端可以通过使用启用了 DHCP/BOOTP 转发功能的路由器加以访问,那么 DHCP 服务器也会向它们租用 IP 地址。如果活动目录不可用,那么 DHCP 服务器会继续在上一次的已知状态下运行。
- 对于独立服务器(未加入任何域或不属于现有企业的任何部分的服务器),DHCP 服务启动时,独立服务器会使用本地有限广播地址(255.255.255.255)向可访问的网络发送 DHCP 信息消息 (DHCPINFORM) 请求,以便定位已安装并配置了其他 DHCP 服务器的根域。该消息中包括几个供应商特定的选项类型,这些类型是其他运行 Windows Server 2008 的 DHCP 服务器已知并支持的。当其他 DHCP 服务器接收到这些选项类型时,对根域信息的查询和检索将被启用。当被查询时,其他的 DHCP 服务器会借助 DHCP 确认消息 (DHCPACK) 来确认并返回含有活动目录根域信息的应答。如果独立服务器未收到任何回复,它将初始化并开始向客户端提供 DHCP 服务。如果独立服务器收到已在活动目录中得到授权的 DHCP 服务器的回复,那么独立服务器将不会进行初始化,也不会向客户端提供 DHCP 服务。

已授权的服务器会每隔 60 分钟(默认值)重复一次检测过程。未授权的服务器会每隔 10 分钟(默认值)重复一次检测过程。

如果运行 Windows Server 2008 的 DHCP 服务器安装在 Windows NT 4.0 域中,那么该服务器可以在没有目录服务的情况下初始化并开始服务于 DHCP 客户端。但是,如果在同一子网或在相连的网络(其路由器配置了 DHCP 或 BOOTP 转发)中有 Windows Server 2008 域,那么该 Windows NT 4.0 域中的 DHCP 服务器会检测到其未授权状态,并停止向客户端提供 IP 地址租用。如果在活动目录中授权了该 DHCP 服务器,那么它将可以向 Windows NT 4.0 域中的客户端提供 DHCP 服务。

为使目录授权过程正常起作用,必须将网络中第一个引入的 DHCP 服务器加入活动目录。这需要将服务器作为域控制器或成员服务器安装。当用 Windows Server 2008 DHCP 计划或部署活动目录时,请不要将第一个 DHCP 服务器作为独立服务器安装,这非常重要。

通常情况下,只存在一个企业根因而也只有一个可进行 DHCP 服务器目录授权的位置。但是,并不限制为多个企业根授权 DHCP 服务器。

DHCP 服务器的完全合格的域名（FQDN）不能超过 64 个字符。如果 DHCP 服务器的 FQDN 长度超过了 64 个字符,那么将无法对该服务器进行授权,同时将显示错误消息:“违反了约束条件”。如果 DHCP 服务器的 FQDN 长度超过了 64 个字符,请使用该服务器的 IP 地址(而不是其 FQDN)来进行授权。

1.7　维护 DHCP 数据库

1.7.1　配置 DHCP 数据库路径

DHCP 服务器的数据库默认存放在％SystemRoot％\System32\dhcp 目录下,如图 1.56 所示。其中 dhcp.mdb 为主数据库文件,其他文件都是辅助性文件。backup 子文件夹中是 DHCP 数据库的备份,默认情况下,DHCP 数据每隔一小时会自动备份一次。

用户根据需要可以修改 DHCP 数据的存放路径和备份文件的路径,具体操作步骤如下。

(1) 打开“开始”→“管理工具”→DHCP 控制台,右击 DHCP 服务器,在弹出的快捷菜单中选择“属性”命令。

(2) 在服务器属性对话框中,可以修改数据库路径和备份路径,如图 1.57 所示。

(3) 单击“确定”按钮,会弹出如图 1.58 所示的对话框,单击“是”按钮,DHCP 服务器就会自动恢复到最初的备份设置。

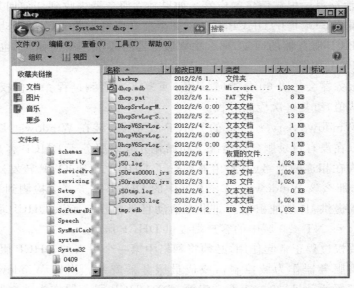

图 1.56　DHCP 数据库的存放路径

图 1.57　修改 DHCP 数据库路径和备份路径

图 1.58　DHCP 服务重启对话框

1.7.2　备份和还原 DHCP 数据库

在 DHCP 服务器的日常运行过程中,会由于各种各样的原因导致 DHCP 服务器出现错误或者是无法正常启动。这时,如果将整个 DHCP 服务器进行重新再建一次,对于一个包含多个作用域、多个保留、多个 DHCP 选项的 DHCP 服务器来说,是一件既费时且费力的事情。因而,为避免不必要的麻烦,最好将 DHCP 数据库预先进行备份。当DHCP 数据库发生损坏时,可以利用备份将 DHCP 数据库迅速还原。

1. 备份 DHCP 数据库

DHCP 数据库默认存放在％SystemRoot％\System32\dhcp\backup 目录下,该数据库默认每 1 小时自动创建 DHCP 数据库备份,用户也可以进行手动备份,具体操作如下。

(1) 打开"开始"→"管理工具"→DHCP 控制台,右击 DHCP 服务器,在弹出的快捷菜单中选择"备份"命令,如图 1.59 所示。

图 1.59　备份 DHCP 服务器

(2) 在"浏览文件夹"对话框中选择要进行 DHCP 数据库备份的目标文件夹即可。

2. 还原 DHCP 数据库

DHCP 服务在启动和运行过程中,会自动检查 DHCP 数据库是否损坏。如果损坏,就会用％SystemRoot％\System32\dhcp\backup 目录下的备份文件去还原数据库。如果用户已经手动备份了数据库,也可以进行手动还原 DHCP 数据库,具体操作如下。

(1) 打开"开始"→"管理工具"→DHCP 控制台,右击 DHCP 服务器,在弹出的快捷菜单中选择"所有任务"下的"停止"命令,先停止 DHCP 服务,才能进行 DHCP 服务器的还原操作。

(2) 右击 DHCP 服务器,在弹出的快捷菜单中选择"还原"命令。

(3) 在"浏览文件夹"对话框中选择 DHCP 数据库的备份文件所在的路径,然后单击"确定"按钮。

(4) 右击 DHCP 服务器,在弹出的快捷菜单中选择"所有任务"下的"启动"命令,重新启动 DHCP 服务。

1.7.3　重整 DHCP 数据库

在 DHCP 服务器运行了一段时间后,会出现数据分布凌乱的情况。为了提高 DHCP 服务器的使用效率,应该对 DHCP 数据库进行重新整理。

在 Windows Server 2008 操作系统中,会自动地定期在后台为 DHCP 数据库进行重整,也可以通过手动的方式重整数据库,而且手动的效率要高于自动重整。方法是:先停止 DHCP 服务,然后进入％SystemRoot％\System32\dhcp 目录下,运行 Jetpack.exe 程序完成重整数据库的操作,最后重新启动 DHCP 服务即可。

在命令提示符下的操作步骤为:

cd c:\Windows\system32\dhcp(进入 DHCP 目录)

net stop dhcpserver (停止 DHCP 服务)

jetpack dhcp.mdb temp.mdb(对 DHCP 数据库进行重整,其中 dhcp.mdb 是 DHCP 数据库文件,temp.mdb 是用于调整的临时文件)

net start dhcp server(开启 DHCP 服务)

1.7.4 迁移 DHCP 数据库

在 DHCP 服务器工作了一段时期后,可能不能满足日益增长的需求,这时迫切需要更换新的 DHCP 服务器,为了保证新 DHCP 服务器的配置完全正确,可以将原来的 DHCP 服务器中的数据库进行备份,然后迁移到新的 DHCP 服务器上。

1. 在旧服务器上备份 DHCP 数据库

(1) 打开"开始"→"管理工具"→DHCP 控制台,右击 DHCP 服务器,在弹出的快捷菜单中选择"备份"命令,将 DHCP 数据库备份到指定的目录中。

(2) 右击 DHCP 服务器,在弹出的快捷菜单中选择"所有任务"下的"停止"命令,先停止 DHCP 服务。此步骤的目的是防止 DHCP 服务器继续向客户端提供 IP 地址租用。

(3) 禁用或删除 DHCP 服务。在"管理工具"下的"服务"工具中,找到"DHCP Server"服务,禁用 DHCP 服务。此步骤的目的是防止该计算机重启后自动启动 DHCP 服务而产生错误。

(4) 将包含 DHCP 数据库备份的文件夹复制到新的 DHCP 服务器中。

2. 在新服务器上还原 DHCP 数据库

(1) 在新 DHCP 服务器中安装 DHCP 服务角色,并配置相关的网络参数。

(2) 右击 DHCP 服务器,在弹出的快捷菜单中选择"所有任务"下的"停止"命令,先停止 DHCP 服务。

(3) 打开"开始"→"管理工具"→DHCP 控制台,右击 DHCP 服务器,在弹出的快捷菜单中选择"还原"命令,还原从旧服务器上备份的 DHCP 数据库。

(4) 右击 DHCP 服务器,在弹出的快捷菜单中选择"所有任务"下的"启动"命令,重新启动 DHCP 服务。

(5) 右击 DHCP 服务器,在弹出的快捷菜单中选择"协调所有的作用域"命令,使 DHCP 数据库中的作用域信息与注册表中的相关信息保持一致。

本 章 小 结

本章结合一个企业的 DHCP 服务器的架设需求,详细讲述了 DHCP 服务器和 DHCP 客户端的配置与管理过程。通过本章的学习,掌握 DHCP 服务器的规划和配置管理。掌握了作用域、超级作用域的基本作用和选项参数的级别、作用范围。

实 训 练 习

【实训目的】：掌握 DHCP 服务器的搭建。

【实训内容】：

(1) 安装 DHCP 服务。

(2) 配置 DHCP 服务器。

【实训步骤】：

(1) 安装 DHCP 服务。

(2) 创建一个作用域。

(3) 建立保留的客户端。

(4) 创建作用域选项。

(5) 将客户端计算机设置为"自动获得 IP 地址"。

(6) 通过手动的刷新租用,使用 ipconfig 命令检查计算机是否正确获得网络配置参数。

(7) 建立超级作用域,以解决当前作用域 IP 地址几乎耗尽的问题。

(8) 定期备份 DHCP 数据库,一旦损失,利用备份 DHCP 数据库进行还原。

习　　题

1. 简要说明动态分配 IP 地址比静态分配 IP 地址方案的优越之处？

2. 简述 DHCP 的工作过程。

3. 简要说明简单 DHCP 服务器的配置过程。

4. 请说明多播作用域和超级作用域的区别。

5. 简要说明配置 DHCP 中继代理的过程。

6. 根据以下场景描述进行动态地址分配规划、配置 DHCP 服务器并进行简单的测试;某公司需要为子网 192.168.1.0/24 的主机动态分配 IP 地址,IP 地址 192.168.1.1 已经静态分配给 Web 服务器、IP 地址 192.168.1.2 分配给 DHCP 服务器,并且准备在 DHCP 服务器上把 IP 地址 192.168.1.100 保留给计算机 HBSI(MAC 地址在实验时获取)。

第2章

架设 DNS 服务器

学习目标
- 了解 DNS 的相关概念。
- 掌握 DNS 服务的安装。
- 理解并掌握 DNS 正向区域与反向区域的配置。
- 理解并掌握常用资源记录的配置方法。
- 掌握配置动态更新。
- 掌握 DNS 客户端的配置。

案例情境

这是一家大型综合性企业,办公计算机 500 多台,服务器 2 台。随着公司办公业务的不断扩大,公司接入了 Internet,建立了公司的宣传网站,在对内提供服务的同时也需要对外展开互联网宣传,为此公司申请注册了自己的域名 wangluo.com。公司准备部署自己的 DNS 服务器,实现域名的解析,从而让互联网用户能够通过域名访问公司的门户网站。

项目需求

需要搭建 DNS 服务器来实现域名 wangluo.com 的解析服务。DNS 服务器不仅负责 Internet、私有网络等的域名解析任务,同时当局域网工作在域的模式下时,在活动目录中还承担着用户账户和计算机名、组名及各种对象的名称解析服务。如果公司建立分支机构,还需要建立子域。DNS 运行得好坏直接影响到整个网络服务的正常运行,这就需要考虑 DNS 服务器的备用和负载平衡机制。

实施方案

针对企业的需求,部署 Windows Server 2008 DNS 服务对网络中的客户端进行域名解析,从而能够实现从域名到 IP 的解析,以及从 IP 地址到域的解析等。具体实施方案主要步骤如下。

(1) 安装 DNS 服务。

(2) 建立正向与反向查找区域。根据企业的需求,建立相应的正向查找区域与反向查找区域。

(3) 建立资源记录。根据企业的需求,建立 A、PTR、CNAME、SOA、NS、MX 等资源记录,以满足 DNS 查询的需求。

(4) 配置 DNS 客户端。方便客户端能够正常进行域名解析。

(5) 建立辅助区域。为了防止主 DNS 服务器的意外故障,通常需要建立 DNS 辅助区域,以满足客户端的解析需求。

（6）管理 DNS 服务器。通过配置 DNS 动态更新，便于 DNS 客户端的信息发生变化时，及时更新 DNS 服务器的记录；通过配置 DNS 区域委派，可以实现不同 DNS 服务器的负载平衡。

2.1　了解 DNS 的相关概念

在一个 TCP/IP 架构的网络环境中，每台主机都需要一个唯一的 IP 地址来标识身份，如果要连接到目标主机，所需要的只是目标主机的 IP 地址，而不需要它的名字。因此，在访问目标计算机时，必须提供它的 IP 地址，否则将无法进行网络访问。对大多数人来说，记忆 IP 地址是很困难的，尤其在需要访问的计算机数量较多时更为困难。为此，TCP/IP 网络提供了域名系统（Domain Name System, DNS）。

通过 DNS 服务，可以为网络中的每一台主机指定一个面向用户的、便于记忆的名字，这种名字称为域名。在 Internet 上域名与 IP 地址之间是一一对应的。这样，用户在访问网络资源时，便可以直接使用目标计算机的域名。域名虽然便于人们记忆，但机器之间只能互相认识 IP 地址，它们之间的转换工作称为域名解析。域名解析需要由专门的域名解析服务器来完成，DNS 就是进行域名解析的服务器。

域名的格式和 IP 地址类似，使用点分字符串的形式表示特定的域名。解析时按照字符串表示的层次进行。

2.1.1　了解 DNS 的名字空间

DNS 名字空间是有层次的树状结构的名称的组合，DNS 可以使用它来标识和寻找树状结构中相对于根域的某个给定域中的一个主机。在 DNS 名字空间中包含了根域、顶级域、二级域和以下的各级子域，DNS 名字空间如图 2.1 所示。

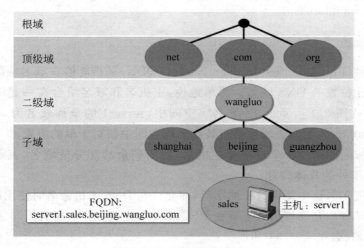

图 2.1　DNS 名字空间

1. 根域

根域是 DNS 树的根节点,没有名称。在 DNS 名称中,根域用".."来表示。书写域名时可省略。

2. 顶级域

根域又被分成了若干个顶级域,顶级域名字有 .com、.net、.org、.edu、.cn 等。顶级域是指一个域名的尾部名称。通常顶级域的名字用两个或三个字符表示,用以标识域名所属的组织特点或地理位置特点。例如 www.microsoft.com,它的顶级域名为".com"。表 2.1 中列出了常见的顶级域。

表 2.1　常见的顶级域

域 名	用 途	举 例	域 名	用 途	举 例
.com	商业机构	baidu.com	.mil	军事组织	army.mil
.edu	教育机构	hbsi.edu	.net	网络组织	mci.net
.gov	政府机构	nasa.gov	.org	非盈利性组织	ieee.org
.int	国际组织	nato.int			

3. 二级域

顶级域又被分成了若干个二级域。二级域名的长度各异,它通常由 InterNIC(国际域名提供商)为连到 Internet 上的个人或公司进行注册。例如 wangluo.com,它的二级域名为"wangluo",这是由 InterNIC 为公司注册的。

4. 子域

除了由 InterNIC 注册二级域以外,大公司可以通过建立自己所需的子域名,子域名空间的管理由公司自己管理,不用去域名管理机构注册登记。例如 beijing.wangluo.com、shanghai.wangluo.com。

2.1.2　全称域名

"全称域名"(Full Qualified Domain Name,FQDN)是指能够在域名空间树状结构中明确表示其所在位置的 DNS 域名。简单地说,主机名和域名组合在一起即为该主机的FQDN。例如,在图 2.1 所示的 DNS 名字空间中,server1 的全称域名为 server1.sales.beijing.wangluo.com,明确表明该主机处在名称空间中相对于根的位置。

一般全称域名的第一个字符串是主机名,后面剩余的部分是域名,表示一台主机在DNS 名字空间所处的具体位置。

强烈建议仅在名称中使用这样的字符,即允许在 DNS 主机命名时使用的 Internet 标准字符集的一部分。允许使用的字符在 RFC1123 中定义如下:所有大写字母(A~Z)、小写字母(a~z)、数字(0~9)和连字符(-)。

2.1.3　了解 DNS 的查询过程

DNS 服务的目的是允许用户使用全称域名的方式访问资源。DNS 客户端通过向

DNS 服务器提交 DNS 查询来解析名称所对应的 IP 地址。DNS 查询解决的是客户端如何获得某个资源的 IP 地址从而实现对该资源访问的问题。DNS 具有两种查询方式：递归查询与迭代查询。

1. 递归查询

一个递归查询需要一个确定的响应，可以肯定或否定。当一个递归查询被送到客户端指定的 DNS 服务器中，该服务器必须返回确定或否定的查询结果。一个确定的响应返回 IP 地址；一个否定的响应返回"host not found"或类似的错误。

2. 迭代查询

迭代查询允许 DNS 服务器响应请求并在 DNS 查询方面做出最大的尝试。如果该 DNS 服务器不能解析，它会给客户端返回另一个可能做出解析的 DNS 服务器的 IP 地址。

下面来看看 DNS 的查询过程。在图 2.2 中，DNS 客户端向 DNS 服务器询问一个域名的 IP 地址，然后从 DNS 服务器那里收到了应答信息。其查询过程如下。

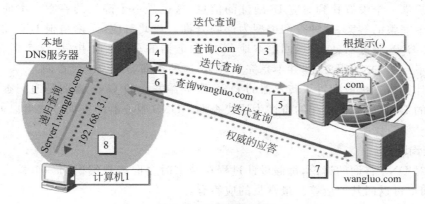

图 2.2　DNS 查询过程

（1）某一 DNS 客户端（计算机 1）想查询"server1. wangluo.com"域名所对应的 IP 地址时，首先把查询请求发送到本地 DNS 服务器。

（2）本地 DNS 服务器发现自身不能解析，于是把这种请求转发给了根 DNS 服务器。本地 DNS 服务器并不是把请求转发给.com 的 DNS 服务器，而是根 DNS 服务器，对于任何一台 Internet 上的 DNS 服务器，只要它发现自己不能解析客户端的请求，一定会把解析请求转发给根，而不是转发给它的上一级 DNS 服务器。

（3）根 DNS 收到本地 DNS 服务器转发来的解析请求，也不能解析，因为它只有根域，但它通过要查询的名字"server1. wangluo.com"知道应让本地 DNS 服务器到.com 的 DNS 服务器查询。于是，根 DNS 服务器向本地 DNS 服务器发送一个指针，该指针指向.com 服务器。

（4）本地 DNS 服务器收到指针即往.com 的 DNS 服务器发送"server1. wangluo. com"的解析请求。

（5）.com 的 DNS 服务器收到本地 DNS 服务器转发来的解析请求，也不能解析，但它知道应该到哪台 DNS 服务器上查找。于是,.com 的 DNS 服务器向本地 DNS 服务器发送一个指针,该指针指向 wangluo.com 服务器。

(6) 本地 DNS 服务器收到指针即向 wangluo.com DNS 服务器发送"server1. wangluo.com"的解析请求。

(7) wangluo.com 的 DNS 服务器收到查询请求后,查询记录发现有 server1 这样一台主机,IP 为 192.168.13.1,则 wangluo.com DNS 服务器将此 IP 地址返回本地 DNS 服务器。

(8) 本地 DNS 服务器把 wangluo.com 的 DNS 服务器发送来的 IP 地址发送给 DNS 的客户端(计算机 1)。

经过上面 8 个步骤后,计算机 1 就可以直接利用查询到的 IP 地址与名为"server1. wangluo.com"的计算机通信了。本地 DNS 服务器和客户端之间是递归的查询过程,即本地 DNS 服务器将返回给客户端一个确切的答案。显然这个确切的答案不仅仅是指解析回一个 IP 地址。若本地 DNS 服务器通过这一查询过程后没有找到相应的 IP 地址,则返回给客户端一个没有找到对应 IP 地址的信息,这也是一个确切的答案。本地 DNS 总是返回一个完整的答案,这种查询类型为递归查询。与此对应,无论是根 DNS 服务器还是.com 等 DNS 服务器,它们返回给本地 DNS 服务器的总是一个指针,这个指针指向这个域树的下一级 DNS 服务器,并不是完整答案,这种查询类型为迭代查询。

一般计算机主机或配置了转发器的 DNS 服务器发起的 DNS 查询是递归查询,配置了根提示的 DNS 服务器发起的查询为迭代查询。DNS 服务器的查询方式可以通过设置改变。

3. 查询响应

以前对 DNS 查询的讨论,都假设此过程在结束时会向客户端返回一个肯定的响应。然而,查询也可返回其他应答。最常见的应答有:

- 权威性应答。
- 肯定应答。
- 参考性应答。
- 否定应答。

权威性应答是返回至客户端的肯定应答,并随 DNS 消息中设置的"授权机构"位一同发送,消息指出此应答是从带直接授权机构的服务器获取的。

肯定应答可由查询的资源记录(RR)或资源记录列表(也称为 RRset)组成,它与查询的 DNS 域名和查询消息中指定的记录类型相符。

参考性应答包括查询中名称或类型未指定的其他资源记录。如果不支持递归过程,则这类应答返回至客户端。这些记录的作用是为提供一些有用的参考性答案,客户端可使用参考性应答继续进行递归查询。

参考性应答包含其他的数据,比如不属于查询类型的资源记录(RR)。例如,如果查询主机名称为"www",并且在这个区域未找到该名称的 A 资源记录,相反找到了"www"的 CNAME 资源记录,DNS 服务器在响应客户端时可包含该信息。

如果客户端能够使用迭代过程,则它可使用这些参考性信息为自己进行其他查询,以求完全解析此名称。

来自服务器的否定应答可以表明：当服务器试图处理并且权威性地彻底解析查询的时候，遇到两种可能的结果之一：

- 权威性服务器报告：在 DNS 名称空间中没有查询的名称。
- 权威性服务器报告：查询的名称存在，但该名称不存在指定类型的记录。

以肯定或否定响应的形式，解析程序将查询结果传回请求程序并把响应消息缓存起来。

2.2　安装 DNS 服务

DNS 服务的实现是基于客户端/服务器(C/S)模式实现的。也就是说，一方面在网络中需要配置 DNS 服务器，用来提供 DNS 服务，DNS 服务器包含了实现域名和 IP 地址解析所需要的数据库；另一方面，把网络中那些希望解析域名的计算机配置成为指定 DNS 服务器的客户端。这样，当 DNS 客户端需要进行解析时，它们会自动向所指向的 DNS 服务器发出查询请求，DNS 服务器响应 DNS 客户端的请求，给它们提供所需要的查询结果。下面将详细介绍 DNS 服务器基本配置。

2.2.1　为该服务器分配一个静态 IP 地址

作为网络服务器的计算机一般不应该使用动态的 IP 地址。DNS 服务器也一样，不应该使用动态分配的 IP 地址，因为地址的动态更改会使客户端指向的 DNS 服务器与目前真实的 DNS 服务器失去联系。

设置服务器 IP 地址的步骤如下。

(1) 选择"开始"→"控制面板"→"网络和共享中心"→"本地连接"，打开"本地连接"，选择"Internet 协议（TCP/IP）"，查看其属性。

(2) 选择"使用下面的 IP 地址"，然后在相应的文本框中输入 IP 地址、子网掩码和默认网关地址（假定本例中 IP 地址为"192.168.10.1"），如图 2.3 所示。

注意，运行 Windows Server 2008 的 DNS 服务器须将其首选 DNS 服务器指定为它本身 IP 地址，备用 DNS 服务器指定为 ISP 的 DNS 服务器。

(3) 如果需要的话，单击"高级"按钮，选择"DNS"选项卡。选中"附加主要的和连接特定的 DNS 后缀""附加主 DNS 后缀的父后缀""在 DNS 中注册此连接的地址"复选框，如图 2.4 所示。

注意，运行 Windows Server 2008 的 DNS 服务器必须将其 DNS 服务器指定为它本身。

2.2.2　安装 DNS 服务

可以通过"服务器管理"中添加角色的方式安装 DNS 服务。

(1) 选择"开始"→"管理工具"→"服务器管理"→"角色"选项，打开"添加角色向导"对话框。在"角色"列表中，选中"DNS 服务器"项，如图 2.5 所示。

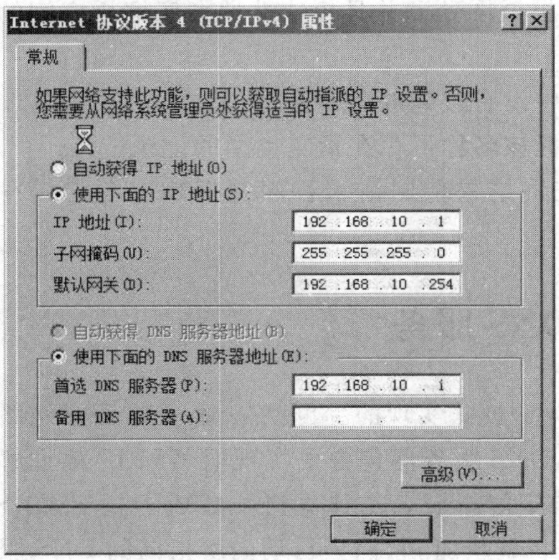

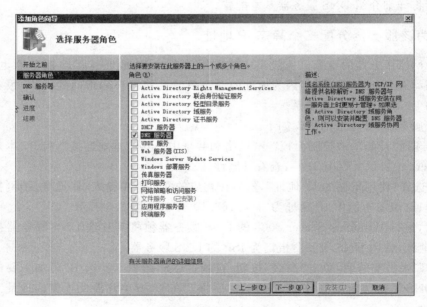

图 2.3 TCP/IP 属性 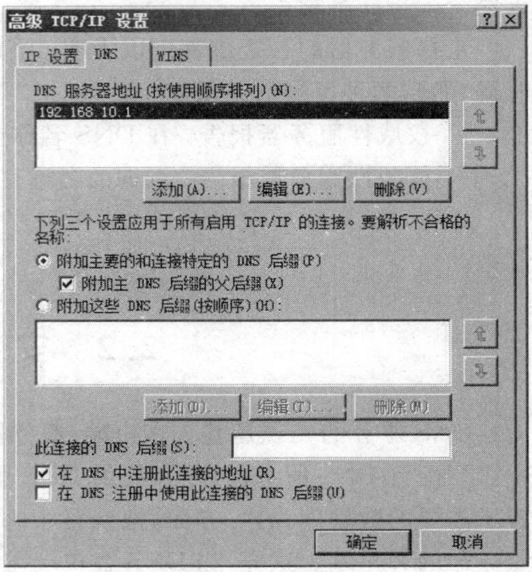   图 2.4 DNS 选项卡

图 2.5 添加角色向导

（2）安装完成时,在"添加角色向导"中单击"完成"按钮。

（3）关闭窗口。

2.3　配置 DNS 区域

2.3.1　认识区域

　　为了便于根据实际情况来分散 DNS 名称管理工作的负荷,可以将 DNS 名称空间划分为多个区域(zone)来进行管理。区域是 DNS 服务器的管辖范围,是由 DNS 名称空间中单个区域或由具有上下隶属关系的紧密相邻的多个子域组成的一个管理单位。因此,DNS 名称服务器是通过区域来管理名称空间的,而并非以域为单位来管理名称空间,但区域的名称与其管理的 DNS 名称空间的域的名称是一一对应的。

　　一台 DNS 服务器可以管理一个或多个区域,一个区域也可以由多台 DNS 服务器来管理。例如,由一个主 DNS 服务器和多个辅助 DNS 服务器来管理。在 DNS 服务器中必须先建立区域,然后再根据需要,在区域中建立子域以及在区域或子域中添加资源记录,才能完成其解析工作。

　　区域文件是 DNS 数据库的一部分,包含属于 DNS 名称空间中所有资源记录。每个区域对应一个区域文件,区域文件是用来存储该区域内提供名字解析的数据,区域文件是一个数据库文件,存储在 DNS 服务器中。

2.3.2　区域的类型

　　在 Windows Server 2008 操作系统下,DNS 服务有三种区域类型:主要区域、辅助区域和存根区域。通过使用不同类型的区域,能够更好地满足用户的需要。例如,推荐配置一个主要区域和一个辅助区域,这样在一台服务器失效时可以提供容错保护。如果区域是在一台单独的 DNS 服务器上维护的话,可以建立存根区域。

　　(1) 主要区域(Primary zone):是 DNS 服务器上新建区域数据的正本。主要区域对相应的 DNS 区域而言,它的数据库文件是可读、可写的版本。可读即指该 DNS 服务器可以向客户端提供名字解析。可写有两层含义:管理员对记录有管理与维护的权限;DNS 客户端可以把它们的记录动态注册到 DNS 服务器的主区域。

　　(2) 辅助区域(Secondary zone):主要区域的备份,从主要区域直接复制而来。同样包含相应 DNS 命名空间所有的记录,与主要区域不同之处是,DNS 服务器不能对辅助区域进行任何修改,即辅助区域是只读的。

　　(3) 存根区域(Stub zone):存根区域和辅助区域很类似,也是只读版本。此区域只是包含区域的某些信息和某些记录,而不是全部。

2.3.3　了解资源记录及资源记录的类型

　　"资源记录"(Resource Record,RR)是 DNS 数据库中的一种标准结构单元,其中包含了用来处理 DNS 查询的信息。

　　Windows Server 2008 支持的资源记录有多种类型,常用的有七类。常用记录类型及记录的作用如表 2.2 所示。

表 2.2 常见资源记录类型

记录类型	说　　明	记录类型	说　　明
A	把主机名解析为 IP 地址	NS	标识每个区域的 DNS 服务器
PTR	把 IP 地址解析为主机名	MX	邮件服务器
SOA	每个区域文件中的第一个记录	CNAME	把一个主机名解析为另一个主机名
SRV	解析提供服务的服务器的名称		

2.3.4　认识正向查找区域和反向查找区域

在决定建立主要区域、辅助区域还是存根区域之后，接下来必须确定建立哪种类型的查找区域。资源记录可以存储在正向查找区域或反向查找区域中。

正向查找区域用于域名到 IP 地址的映射，当 DNS 客户端请求解析某个域名时，DNS 服务器在正向查找区域中进行查找，并返回给 DNS 客户端相应的 IP 地址。在 DNS 管理控制台中，正向查找区域以 DNS 域名来命名，主要包括 A 记录。

反向查找区域用于 IP 地址到域名的映射，当 DNS 客户端请求解析某个 IP 地址时，DNS 服务器在反向查找区域中进行查找，并返回给 DNS 客户端相应的域名。在 DNS 管理控制台中，反向查找区域以 DNS 域名来命名，主要包括 PTR 记录。

我们通常认为 DNS 只是将域名转换成 IP 地址（称为"正向解析"或"正向查找"）。事实上，将 IP 地址转换成域名的功能也是常使用到的，当登录到一台 UNIX 工作站时，工作站就会去做反向查找，找出你是从哪个地方来的（称为"反向解析"或"反向查找"）。反向查找即通过已知的 IP 地址让 DNS 服务器查找对应的全称域名。

DNS 查询区域如图 2.6 所示。

名称空间：Server1.wangluo.com.

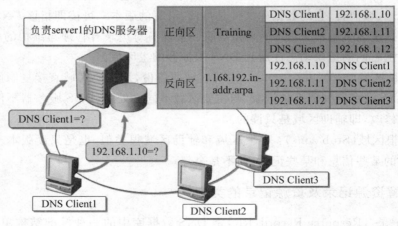

图 2.6　DNS 查询区域

Client1 发送解析"Client2. server1. wangluo. com"的查询请求。DNS 服务器在自己的正向查找区域（server1. wangluo. com）中寻找与这个主机名对应的 IP 地址，然后把这个 IP 地址返回给 Client1。

Client1 发送解析 192.168.1.11 的查询请求。DNS 服务器在自己的反向查找区域（1.168.192.in-addr.arpa）中寻找与这个 IP 地址对应的主机名,然后把这个主机名返回给 Client1。

2.3.5 配置正向查找区域

可以针对主要区域类型分别建立正向查找区域和反向查找区域。在正向查找区域中存储的映射记录是主机名-IP 地址的映射记录。

1. 创建主要区域类型的正向查找区域

（1）选择"开始"→"管理工具"→DNS,打开如图 2.7 所示的 DNS 控制台。

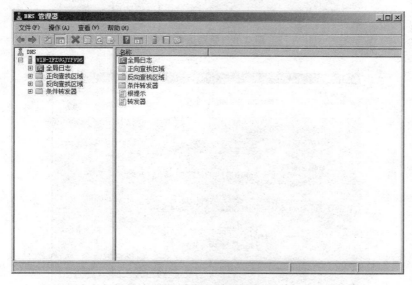

图 2.7 DNS 控制台

（2）在 DNS 控制台中,展开 DNS 服务器,右击"正向查找区域",然后在弹出的菜单中选择"新建区域"命令。

（3）弹出如图 2.8 所示的"新建区域向导"界面,单击"下一步"按钮。

（4）在如图 2.9 所示的"区域类型"界面中,选中"主要区域",然后单击"下一步"按钮。

（5）在如图 2.10 所示的"区域名称"向导中,输入区域名称（本例输入 wangluo.com）,并单击"下一步"按钮。区域名称必须对应 DNS 名字空间中某个区域的域名。

（6）在如图 2.11 所示的"区域文件"界面中,创建区域文件名,一般文件名采用默认值,单击"下一步"按钮。

（7）在如图 2.12 所示的"动态更新"向导中,可以设置是否允许该区域进行动态更新。如果用户对安全性要求比较高,可以保持"不允许动态更新"单选框的选中状态,单击"下一步"按钮。

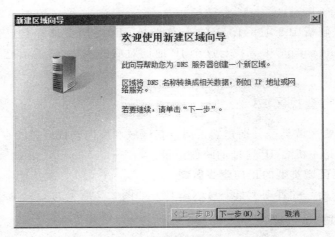

图 2.8　新建区域向导

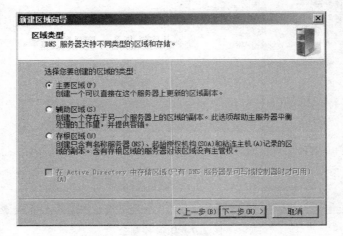

图 2.9　选择区域类型

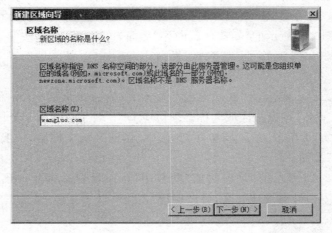

图 2.10　输入区域名称

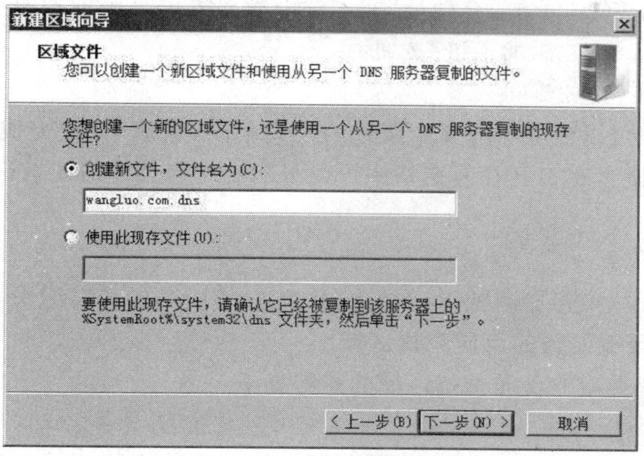

图 2.11　创建正向区域文件

图 2.12　动态更新

（8）最后在"正在完成新建区域向导"界面中，单击"完成"按钮完成创建过程。

2. 手工建立正向查找资源记录

区域建立完成后还必须把本区域的各种资源添加进来，才能对 DNS 的客户端进行响应，比如添加区域里的一台服务器主机或邮件服务器。

操作步骤如下。

（1）打开 DNS 控制台；

（2）在控制台树中，单击希望手工建立资源记录的区域，（如正向查询主区域 wangluo. com），在右侧空白处右击，单击"新建主机"（新建主机记录，也称为 A 记录）；

（3）在如图 2.13 所示的"新建主机"对话框

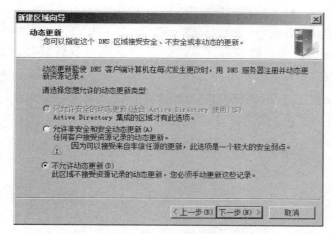

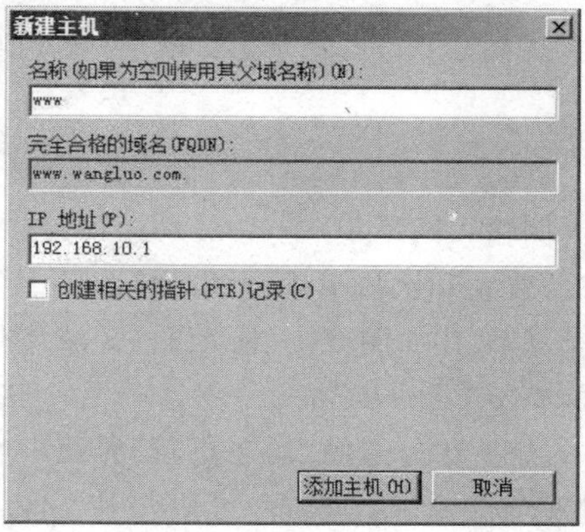

图 2.13　新建主机

中,输入名称(如 www),并在"IP 地址"文本框中输入提供该服务的服务器 IP 地址(本例为 192.168.10.1),单击"添加主机"按钮。

(4) 单击"确定"按钮即可。

重复上述步骤可以建立对应多个服务的主机记录,最后单击"完成"按钮结束创建过程并返回 DNS 控制台窗口。在右窗格中可以显示出所有创建的映射记录。

2.3.6 配置反向查找区域

在正向查找区域中存储的映射记录是 IP 地址-主机名的映射记录,称为指针记录。

1. 创建主要区域类型的反向查找区域

创建主要区域类型的反向查找区域的步骤如下。

(1) 打开 DNS 控制台。

(2) 在 DNS 控制台中,展开 DNS 服务器,右击"反向查找区域",然后在弹出的菜单中选择"新建区域"命令。

(3) 在弹出的"新建区域向导"界面中,单击"下一步"按钮。

(4) 在"区域类型"界面中,选中"主要区域",然后单击"下一步"按钮。

(5) 在"反向查找区域名称"界面中选择"IPv4 反向查找区域"或"IPv6 反向查找区域",如图 2.14 所示。

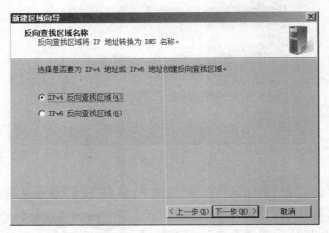

图 2.14 选择反向查找区域名称

(6) 如图 2.15 所示,在打开的"反向查找区域名称"界面中输入网络 ID 或区域名称(本例输入网络 ID 为 192.168.10),一般为对应主机 IP 地址的网络 ID,所以反向查找区域的建立和区域里子网的环境相关。然后单击"下一步"按钮。

(7) 在如图 2.16 所示的"区域文件"界面中,设置区域文件名,文件名一般采用默认值,单击"下一步"按钮。

(8) 在打开的"动态更新"界面中可以设置是否允许该区域进行动态更新。如果用户对安全性要求比较高,可以保持"不允许动态更新"单选框的选中状态,单击"下一步"按钮。

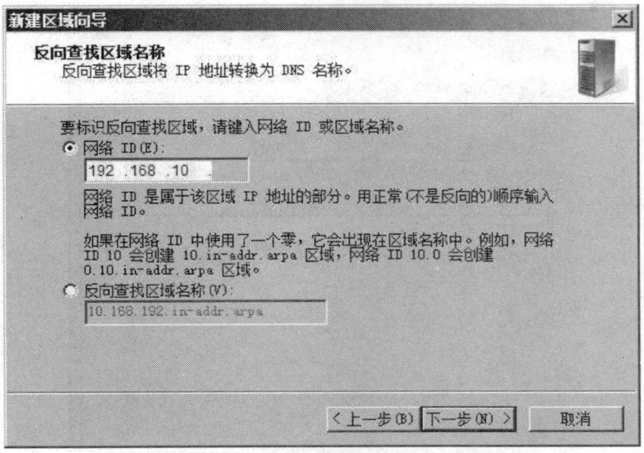

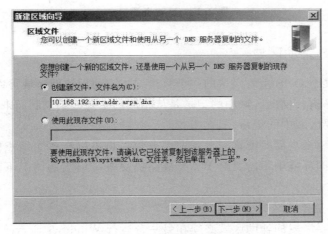

图 2.15 设置反向查找区域网络 ID

图 2.16 创建反向区域文件

(9) 最后在"正在完成新建区域向导"界面中,单击"完成"按钮完成创建过程。

2. 手工建立 DNS 的资源记录

同样,需要添加资源记录才能提供对外的解析。添加指针记录的步骤如下。

(1) 打开 DNS 控制台。

(2) 在控制台树中,右击希望手工建立反向资源记录的区域(如反向查询区域 10. 168.192.in-addr. arpa),选择"新建资源记录"。

(3) 在如图 2.17 所示的"新建资源记录"对话框中,输入主机 IP 地址(如 1),并在主机名文本框中输入主机的全称域名(本例为 www. wangluo. com)。或通过"浏览"按钮在相应的正向查找区域里选定相应的主机记录。

(4) 单击"确定"按钮即可。

重复上述步骤可以建立多条资源记录。在右窗格中可以显示出所有创建的映射记录。

图 2.17 新建资源记录

2.3.7 配置 DNS 辅助区域

辅助区域是某个 DNS 主要区域的一个只读副本。利用辅助区域可以实现 DNS 服务器的容错和负载平衡。辅助区域中的记录是从相应的主要区域复制而来的,不能修改,管理员只能修改主要区域中的记录。

为了实现容错,至少需要配置一台辅助服务器。也可以在多个地点配置多台辅助服务器,这样在广域网环境中不需要跨 WAN 链路提交查询请求的情况下就可以实现记录的解析。

1. 创建 DNS 主要区域的辅助区域

创建 DNS 主要区域的辅助区域必须在另一台运行 Windows Server 2008 的 DNS 服务器中进行,其步骤如下:

(1) 完成 DNS 服务器的安装;

(2) 打开 DNS 控制台;

(3) 在 DNS 控制台中,展开 DNS 服务器,右击"正向查找区域",然后单击"新建区域",在弹出的"新建区域向导"界面中,单击"下一步"按钮;

(4) 在"区域类型"界面中,选中"辅助区域",然后单击"下一步"按钮;

(5) 打开如图 2.18 所示的"区域名称"界面,在"区域名称"文本框中输入和主要区域完全一致的域名(本例为 wangluo.com),单击"下一步"按钮。

(6) 在打开如图 2.19 所示的"主 DNS 服务器"界面中输入主 DNS 服务器的 IP 地址(本例为 192.168.10.1),以便使辅助 DNS 服务器从主 DNS 服务器中复制数据,并依次写入主服务器的 IP 地址。

(7) 最后在"正在完成新建区域向导"界面中,依次单击"下一步"、"完成"按钮完成创建过程。

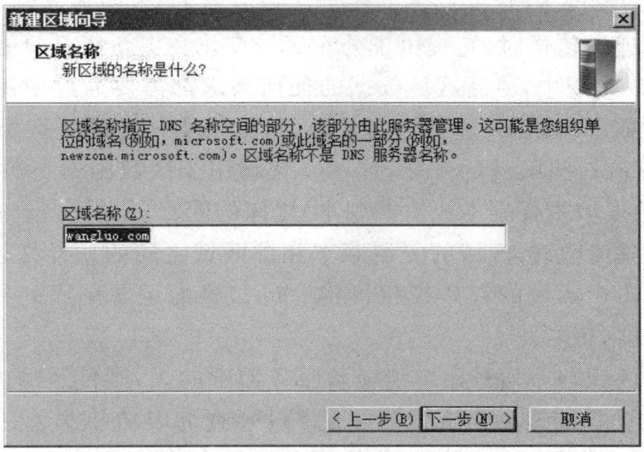

图 2.18 输入区域名称

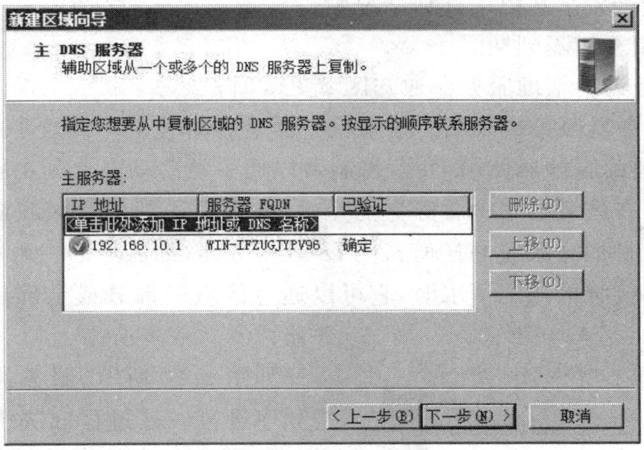

图 2.19 选择主 DNS 服务器

2. 区域传输

为什么需要区域复制和区域传输?

由于区域在 DNS 中发挥着重要的作用,因此希望在网络上的多个 DNS 服务器中提供区域,以提供解析名称查询时的可用性和容错。否则,如果使用单个服务器而该服务器没有响应,则该区域中的名称查询会失败。对于主持区域的其他服务器,必须进行区域传输,以便复制和同步为主持该区域的每个服务器配置使用的所有区域副本。

当新的 DNS 服务器添加到网络,并且配置为现有区域的新的辅助服务器时,它执行该区域的完全初始传送,以便获得和复制区域的一份完整的资源记录副本。对于大多数较早版本的 DNS 服务器实现,在区域更改后如果区域请求更新,则还将使用相同的完全区域传输方法。对于运行 Windows Server 2008 的 DNS 服务器来说,DNS 服务支持"递增区域传输",它是一种用于中间更改的修订的 DNS 区域传输过程。

在 RFC1995 中,递增区域传输被描述为另一个复制 DNS 区域的 DNS 标准。有关

RFC 的详细信息，请参阅 RFC 网站。当作为区域源的 DNS 服务器和从其中复制区域的任何服务器都支持递增传送时，它提供了公布区域变化和更新情况的更有效方法。

在较早的 DNS 实现中，更新区域数据的任何请求都需要通过使用 AXFR 查询来完全传送整个区域数据库。相反，进行递增传送时，可使用任选的查询类型（IXFR）。它允许辅助服务器仅找出一些区域的变化，这些变化将用于区域副本与源区域（可以是另一 DNS 服务器维护的区域主要副本或次要副本）之间的同步。

通过 IXFR 区域传输时，区域的复制版本和源区域之间的差异必须首先确定。如果该区域被标识为与每个区域的起始授权机构（SOA）资源记录中序列号字段所指示的版本相同，则不进行任何传送。

如果源区域中区域的序列号比申请辅助服务器中的大，则传送的内容仅由区域中每个递增版本的资源记录的改动组成。为了使 IXFR 查询成功并发送更改的内容，此区域的源 DNS 服务器必须保留递增区域变化的历史记录，以便在应答这些查询时使用。实际上，递增传送过程在网络上需要更少的通信量，而且区域传输完成得更快。

区域传输可能会发生在以下任何情况中：

- 当区域的刷新间隔到期时；
- 当其主服务器向辅助服务器通知区域更改时；
- 当 DNS 服务器服务在区域的辅助服务器上启动时；
- 在区域的辅助服务器使用 DNS 控制台以便手动启动来自其主服务器的传送时。

区域传输始终在区域的辅助服务器上开始，并且发送到作为区域源配置的主服务器中。主服务器可以是加载区域的任何其他 DNS 服务器，如区域的主服务器或另一辅助服务器。当主服务器接收区域的请求时，它可以通过区域的部分或全部传送来应答辅助服务器。

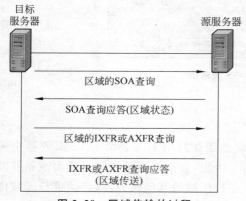

图 2.20　区域传输的过程

如图 2.20 所示，服务器之间的区域传输按顺序进行。该过程取决于区域在以前是否复制过而变化，或者取决于是否在执行新区域的初次复制而变化。

在本示例中，将对区域的请求辅助服务器即目标服务器，及其源服务器即主持该区域的另一个 DNS 服务器，按照下列顺序执行传送：

（1）在新的配置过程中，目标服务器会向配置为区域源的主要 DNS 服务器发送初始"所有区域"传送（AXFR）请求。

（2）主（源）服务器作出响应，并将此区域完全传送到辅助（目标）服务器。

该区域发送给请求传送的目标服务器，通过启动授权机构 SOA 资源记录（RR）的属性中的"序列号"字段建立的版本一起传送。SOA 资源记录也包含一个以秒为单位的状态刷新间隔（默认设置是 900 秒或 15 分钟），指出目标服务器下一次应在何时请求使用源服务器来续订该区域。

（3）刷新间隔到期时，目标服务器使用 SOA 查询来请求从源服务器续订此区域。

（4）源服务器应答其 SOA 记录的查询。该响应包括该区域在源服务器中的当前状态的序列号。

（5）目标服务器检查响应中的 SOA 记录的序列号并确定怎样续订该区域。

- 如果 SOA 响应中的序列号值等于其当前的本地序列号，那么得出结论，区域在两个服务器中都相同，并且不需要区域传输。然后，目标服务器根据来自源服务器的 SOA 响应中的该字段值重新设置其刷新间隔，来续订该区域。

- 如果 SOA 响应中的序列号值比其当前本地序列号要高，则可以确定此区域已更新并需要传送。

（6）如果这个目标服务器推断此区域已经更改，则它会把 IXFR 查询发送至源服务器，其中包括此区域的 SOA 记录中序列号的当前本地值。

（7）源服务器通过区域的递增传送或完全传送做出响应。

- 如果源服务器通过对已修改的资源记录维护最新递增区域变化的历史记录来支持递增传送，则它可通过此区域的递增区域传输（IXFR）做出应答。

- 如果源服务器不支持递增传送或没有区域变化的历史记录，则它可通过其他区域的完全（AXFR）传送做出应答。

对于运行 Windows Server 2003 和 Windows Server 2008 的服务器，支持通过 IXFR 查询进行增量区域传输。对于 DNS 服务的早期版本和许多其他 DNS 服务器实现系统，增量区域传输是不可用的，只能使用全区域（AXFR）查询来复制区域。

基于 Windows 的 DNS 服务器支持 DNS 通知，即原始 DNS 协议规范的更新，它允许在区域发生更改时使用向辅助服务器发送通知的方法（参见 RFC1996）。当某个区域更新时，DNS 通知执行推传递机制，通知选定的辅助服务器组。然后被通知的服务器可开始进行上述区域传输，以便从它们的主服务器提取区域变化并更新此区域的本地副本。

由于辅助服务器从充当它们所配置的区域源的 DNS 服务器那儿获得通知，每个辅助服务器都必须首先在源服务器的通知列表中拥有其 IP 地址。使用 DNS 控制台时，该列表保存在"通知"对话框中，它可以从"区域属性"中的"区域传输"选项卡进行访问。

除了通知列出的服务器外，DNS 控制台还允许将通知列表的内容，作为限制区域传输只访问列表中所指定的辅助服务器的一种方式。它有助于防止未知的或未批准的 DNS 服务器在提取、请求或区域更新方面做一些不希望进行的尝试。

以下是对区域更新的典型 DNS 通知过程的简要总结。

（1）在 DNS 服务器上充当主服务器的本地区域，即其他服务器的区域源，将被更新。当此区域在主服务器或源服务器上更新时，SOA 资源记录中的序列号字段也被更新，表示这是该区域的新的本地版本。

（2）主服务器将 DNS 通知消息发送到其他服务器，它们是其配置的通知列表的一部分。

（3）接收通知消息的所有辅助服务器，随后可通过将区域传输请求发回通知主服务器来作出响应。

正常的区域传输过程随后就可如上所述继续进行。不能为存根区域配置通知列表。

使用 DNS 通知仅用于通知作为区域辅助服务器操作的服务器。

对于和目录集成的区域的复制，不需要 DNS 通知。这是因为从活动目录 Active 加载区域的任何 DNS 服务器，将自动轮询目录（如 SOA 资源记录的刷新间隔指定的那样）以便更新与刷新该区域。

在这些情况下，配置通知列表确实可能降低系统性能，因为对更新区域产生了不必要的其他传送请求。

默认情况下，DNS 服务器只允许向区域的名称服务器（NS）的资源记录中列出的权威 DNS 服务器进行区域传输。

2.4　配置 DNS 客户端

在安装和配置了 DNS 服务器以及在 DNS 服务器上建立了 DNS 区域之后，现在需要确保客户端能够在 DNS 中注册和建立它们的资源记录，并且能够使用 DNS 来解析查询。

DNS 客户端的配置步骤如下。

（1）在"TCP/IP 属性"对话框中，如果希望自动获得 DNS 服务器的 IP 地址，单击"自动获得 DNS 服务器地址"。

（2）如果希望手工配置 DNS 服务器的 IP 地址，单击"使用下面的 DNS 服务器地址"。在"首选 DNS 服务器"框中，输入主 DNS 服务器的 IP 地址。如果需要配置第二个 DNS 服务器，则在"备用 DNS 服务器"框中，输入其他 DNS 服务器的 IP 地址，如图 2.21 所示。备用 DNS 服务器在首选 DNS 服务器不能被访问或者由于 DNS 服务失败导致不能解析 DNS 客户端查询的情况下，才继续进行解析的 DNS 服务器。当首选 DNS 服务器不能解析客户端的查询时不会再使用备用 DNS 服务器进行查询。

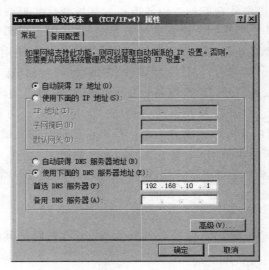

图 2.21　设置 DNS 服务器的地址

2.5 测试 DNS 服务器的配置

2.5.1 使用 nslookup 命令进行测试

nslookup 是一个监测网络中 DNS 服务器是否能正确实现域名解析的命令行工具。nslookup 必须在安装了 TCP/IP 协议的网络环境中才能使用,它允许与 DNS 以对话方式工作并让用户检查资源记录。

【示例】 使用 nslookup 工具测试 DNS 服务器的正向解析。

现在网络中已经架设好了一台 DNS 服务器,它可以把域名 www. wangluo. com 解析为 192.168.10.1 的 IP 地址,这是我们平时用得比较多的正向解析功能。

测试步骤如下。

(1) 单击"开始"→"运行",输入"cmd"进入命令行模式。

(2) 输入 nslookup 命令后回车,将进入如图 2.22 所示的 DNS 解析查询界面。结果表明,正在工作的 DNS 服务器的主机名为 www. wanlguo. com(如果为 DNS 服务器也建立了相应的主机记录和指针记录),它的 IP 地址是 192.168.10.1。

图 2.22 nslookup 命令

(3) 测试正向解析。在图 2.22 界面中输入想解析的域名 www. wangluo. com,测试结果如图 2.23 所示。

此结果表明 DNS 服务器正向解析正常,将域名 www. wangluo. com 解析为 IP 地址 192.168.10.1。

2.5.2 使用 ping 命令进行测试

相信大家对 ping 命令都比较熟悉,它使用 ICMP 协议检查网络上特定 IP 地址的存在,一个 DNS 域名也是对应一个 IP 地址的,因此可以使用该命令检查一个 DNS 域名的连通性。如在命令行界面输入"ping www. wangluo. com",客户端会首先到指定的 DNS

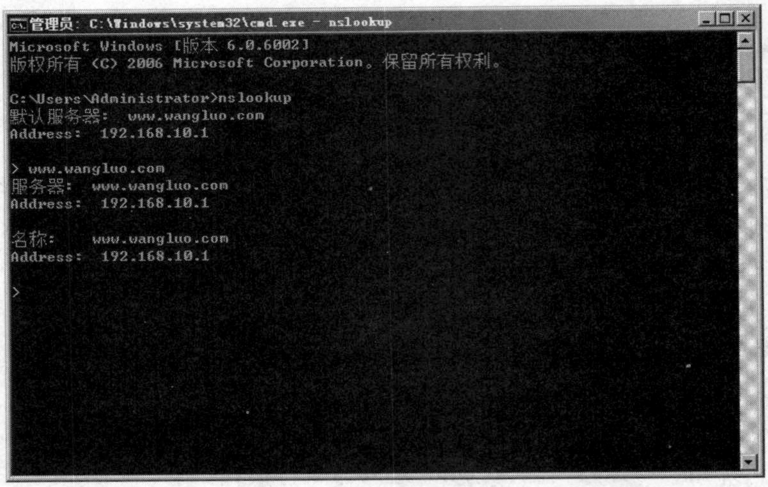

图 2.23   测试正向解析

服务器上解析对应的 IP 地址。如果 DNS 服务器能正常解析,应该能返回给我们一个正确的 IP 地址,然后再利用返回的 IP 地址检测连通性,如图 2.24 所示,返回的 IP 地址为192.168.10.1。

图 2.24   使用 ping 测试

假如一客户端不能解析 DNS 域名,使用上述命令可以判断该客户端与 DNS 服务器的连通性,判断问题出在客户端设置还是 DNS 服务器。

可以 ping DNS 服务器的 IP 地址,再测试网络中的其他客户端。如果都 ping 不通,说明该客户端有问题,如果后者可以 ping 通,则说明 DNS 配置错误或 DNS 服务器错误。

2.6　配置 DNS 动态更新

在 DNS 数据库中建立、注册和更新资源记录有两种方式：动态方式和手工方式。在资源记录被建立、注册或更新后，它们存储在 DNS 区域文件里。

2.6.1　了解动态更新

动态更新（Dynamic update）是指 DNS 客户端在 DNS 服务器维护的区域中动态建立、注册和更新自己的资源记录的过程，DNS 服务器能够接受并处理这些动态更新的消息。

2.6.2　配置 DNS 服务器允许动态更新

配置 DNS 服务器允许动态更新的步骤如下。

（1）打开 DNS 控制台。

（2）右击希望动态更新的区域，单击"属性"。

（3）在如图 2.25 属性标签的"动态更新"下拉列表中，选择"非安全"项。

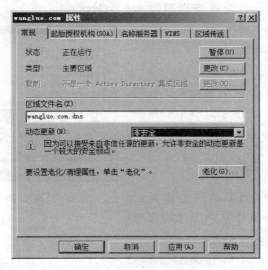

图 2.25　动态更新

（4）单击"确定"按钮，关闭"属性"对话框，然后关闭 DNS 控制台。

可以手工更改某一客户端的 IP 地址或主机名，测试 DNS 服务器能否正确解析，从而达到测试 DNS 服务器能否允许客户端动态更新的目的。

2.7　配置 DNS 区域委派

2.7.1　认识根提示

根提示(Root hints),是指存储在 DNS 服务器上,列出了各个根 DNS 服务器 IP 地址的资源记录。

当本地 DNS 服务器接收到关于客户端的解析请求,发现自己不能解析时,本地 DNS 服务器应向根 DNS 服务器进行转发。本地 DNS 服务器是如何知道根 DNS 服务器的 IP 地址的呢? 这是由于任何一台 DNS 服务器上都有一个 DNS 根提示。根提示实际是 DNS 的资源记录,这些记录存储在 DNS 服务器上,同时,这些记录列出了根 DNS 服务器的 IP 地址。实际上告诉 DNS 服务器,它们的根 DNS 服务器的 IP 地址是多少。任何一台 DNS 服务器上都有根提示,根提示为一列表,这个列表里存放了世界上 13 台 Internet 根 DNS 服务器的记录。

根提示的信息存储在 Cache. dns 文件中,该文件位于％systemroot％\system32\dns 文件夹中(若为活动目录区域则根提示的信息存储在活动目录中)。

查看根提示列表步骤如下。

(1) 打开 DNS 控制台。

(2) 右击 DNS 服务器名字,双击右侧"根提示"选项,如图 2.26 所示,DNS 服务器的根服务器在名称服务器列表中列出。

图 2.26　根提示

2.7.2　了解 DNS 区域的委派

委派是指通过在 DNS 数据库中添加记录,从而把 DNS 名字空间中某个子域的管理权利指派给另一个 DNS 服务器的过程。

例如,在图 2.27 中,名称空间中 wangluo. com 的管理员把子域 beijing. wangluo. com 的管理权限委派给另一 DNS 服务器,从而卸掉了对这个子域的管理责任。现在 beijing. wangluo. com 被自己的 DNS 服务器来管理,这台 DNS 服务器负责解析这一部分名称空间的查询请求。这样,就减少了负责 wangluo. com 的 DNS 服务器和管理员的负担。

2.7.3　将一个子域委派给另一个 DNS 服务器

将一个子域委派给另一个 DNS 服务器(本例中为将名为 CXG 的 DNS 服务器中子域 beijing. wangluo. com 委派给 JQC DNS 服务器)的步骤如下。

名称空间：beijing.wangluo.com

图 2.27　DNS 区域的委派

（1）打开名为 CXG 的 DNS 控制台。

（2）展开"正向查找区域"，选中想委派的区域（本例选中 wangluo.com），右击并选择"新建委派"。

（3）弹出"新建委派向导"界面，单击"下一步"按钮。

（4）在如图 2.28 所示的"受委派域名"界面中，输入要委派的区域的名字（本例输入 beijing），单击"下一步"按钮。

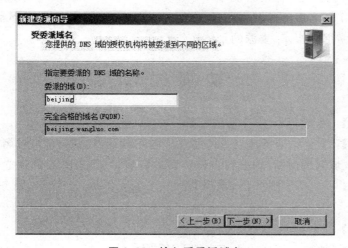

图 2.28　输入受委派域名

（5）在"名称服务器"界面中，单击"添加"按钮，弹出"新建名称服务器记录"界面。

（6）输入"服务器完全合格的域名"，如图 2.29 所示。

（7）依次单击"确定"、"下一步"、"完成"按钮。

委派工作完成后，只要在名为 JQC 的 DNS 服务器上新建一个名为 beijing.wangluo.com 的正向查找区域，则名为 JQC 的 DNS 服务器对该子域拥有完全的管理权限，而名为

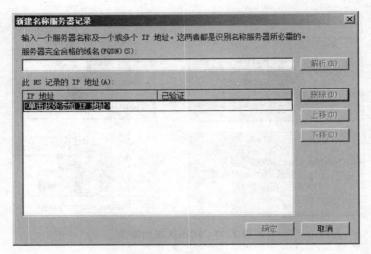

图 2.29 服务器记录

CXG 的 DNS 服务器失去对该子域的管理权限。

本 章 小 结

本章结合一个小型企业的案例学习了 Windows Server 2008 系统 DNS 服务器的配置与管理，了解了域名服务的基本原理，掌握 Windows Server 2008 DNS 服务器的主要配置和管理技能，掌握根提示、委派的具体操作。

实 训 练 习

【实训项目】：掌握 DNS 服务器的配置。

【实训内容】：某公司准备建立自己的宣传网站，申请到完全合格域名为 test.com，公司自己负责本区域名的解析，即公司自己负责本区域 DNS 服务器的建立，你作为公司的系统管理员，要建立 DNS 服务器，准备以 www.test.com 为 WEB 服务器的完全合格域名。

【实训步骤】：

（1）规划网络地址并正确配置相应的 DNS 服务器。

（2）添加 DNS 服务角色。

（3）配置 DNS 服务器，建立相应的区域。

（4）在相应的区域里建立对应的记录。

（5）设置客户端并进行域名解析验证。

习　题

1. 简述 DNS 服务器的工作原理。
2. 简述 DNS 的迭代查询过程。
3. 简述 DNS 的区域类型。
4. 请简单描述主 DNS 服务器的配置步骤。
5. 什么是根提示？
6. 什么是 DNS 区域的委派？

第 3 章

架设 Web 服务器

学习目标

- 了解 Web 服务。
- 理解 Web 服务器的运行机制。
- 掌握 Web 服务的安装。
- 理解并掌握 Web 站点的多种架设方法。
- 了解虚拟目录的使用。
- 熟悉远程管理 Web 服务器。

案例情景

对公司或企业来说,为了树立公司形象或进行产品推广,进行广告宣传是必不可少的手段。随着计算机网络的发展,除了可以在电视、广播、报纸等地方进行宣传,还可以将公司的特定产品、公司简介、客户服务等情况在网站中进行宣传。这样做的最大好处就是能够使成千上万的用户通过简单的图形界面就可以访问公司的最新信息及产品情况。

项目需求

为了提高公司的知名度,Web 网站成为了进行产品推广的重要手段之一。公司希望在自己的内部网络中架设一台 Web 服务器,能够实现 HTTP 文件的下载操作,同时也希望搭建动态网站,以满足客户的需要。

实施方案

使用 Windows Server 2008 操作系统作为平台,具体的解决步骤如下。

(1)为 Web 网站申请一个有效的 DNS 域名,以方便客户能够通过域名访问该网站。

(2)为方便网络用户能够直接访问 Web 网站,最好使用默认的 80 端口。

(3)对于公司的不同部门可以为其配置相应的二级域名或者是虚拟目录。

(4)若公司需要搭建多个网站可以考虑使用虚拟主机技术实现。

(5)若需要运行动态网站,需在 Web 服务器上启动并配置 ASP、ASP.NET 等环境。

3.1 了解 Web 服务

随着因特网技术的快速发展,万维网正在逐步改变人们的通信方式。在过去的十几年中,Web 服务得到了飞速的发展,用户平时上网最普遍的活动就是浏览信息、查询资料,而这些上网活动都是通过访问 Web 服务器来完成的,利用 IIS 建立 Web 服务器是目前世界上使用最广泛的手段之一。

3.1.1 了解 Web 服务器

互联网的普及给各行各业带来了前所未有的商机,通过建设网站,展示公司的形象,拓展公司的业务。掌握网站的架设和基本管理手段是网络管理人员的必备技能。Windows Server 2008 提供了功能强大的 IIS 服务组件。通过安装该组件,经过详细的配置可以提供强大的网络服务。

Web 服务器也称为 WWW(World Wide Web)服务器,是指专门提供 Web 文件保存空间,并负责传送和管理 Web 文件和支持各种 Web 程序的服务器。

Web 服务器的功能如下:

- 为 Web 文件提供存放空间。
- 允许因特网用户访问 Web 文件。
- 提供对 Web 程序的支持。
- 架设 Web 服务器让用户通过 HTTP 协议来访问自己架设的网站。
- Web 服务是实现信息发布、资料查询等多项应用的基本平台。

Web 服务器使用超文本标记语言(HyperText Marked Language,HTML)描述网络的资源,创建网页,以供 Web 浏览器阅读。HTML 文档的特点是交互性。不管是文本还是图形,都能通过文档中的链接连接到服务器上的其他文档,从而使客户快速地搜索所需的资料。

3.1.2 理解 Web 服务的运行机制

Web 服务器与 Web 浏览器之间的通信是通过 HTTP 协议进行的。HTTP 协议是基于 TCP/IP 协议的应用层协议,是通用的、无状态的、面向对象的协议。Web 服务器的工作原理如图 3.1 所示。

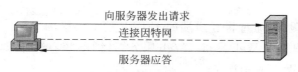

图 3.1　Web 服务器的工作原理

从图 3.1 可以看出,一个 Web 服务器的工作过程包括以下几个环节:首先是创建连接,然后浏览器端通过网址或 IP 地址向 Web 服务器提出访问请求,Web 服务器接收到请求后进行应答,也就是将网页相关文件传递到浏览器端,浏览器接收到网页后进行解析并显示出来。下面分别作简要介绍:

(1)连接:Web 浏览器与 Web 服务器建立连接,打开一个称为套接字(Socket)的虚拟文件,此文件的建立标志着连接成功。默认的 Web 服务端口号为 80,可以根据需要指定其他的端口号。

(2)请求:Web 浏览器通过套接字向 Web 服务器提交请求。

(3)应答:Web 服务器接到请求后进行事务处理,结果通过 HTTP 协议发送给 Web 浏览器,从而在 Web 浏览器上显示出所请求的页面。

（4）关闭连接：当应答结束后，Web 浏览器与 Web 服务器必须断开，以保证其他 Web 浏览器能够与 Web 服务器建立连接。

Web 服务器的作用最终体现在对内容特别是动态内容的提供上，Web 服务器主要负责与 Web 浏览器交互时提供动态产生的 HTML 文档。Web 服务器不仅仅提供 HTML 文档，还可以与各种数据源建立连接，为 Web 浏览器提供更加丰富的内容。

3.2　安装 IIS 7.0

3.2.1　架设 Web 服务器的需求

架设 Web 服务器应满足下列要求：

* 使用内置了 IIS 以提供 Web 服务的服务器端操作系统。
* Web 服务器的 IP 地址、子网掩码等 TCP/IP 参数应该手工指定。
* 为了更好地为客户端提供服务，Web 服务器应拥有一个友好的 DNS 名称，以便 Web 客户端能够通过该 DNS 名称访问 Web 服务器。

3.2.2　了解 IIS 7.0

Windows Server 2008 家族里包含的 Internet 信息服务（IIS）提供了集成、可靠、可伸缩、安全和可管理的 Web 服务器功能。IIS 是用于为静态和动态网络应用程序创建强大的通信平台的工具。各种规模的组织都可以使用 IIS 来管理因特网或 Intranet 上的网页、管理 FTP 站点、使用网络新闻传输协议 NNTP 和简单邮件传输协议 SMTP。

IIS 提供了多种服务，主要包括发布信息、传输文件、收发邮件等。下面介绍 IIS 7.0 中包含的几种服务。

1. Web 服务

即万维网发布服务，通过将客户端的 HTTP 请求连接到 IIS 中运行的网站上，Web 服务向 IIS 最终用户提供 Web 发布。Web 服务管理 IIS 核心组件，这些组件处理 HTTP 请求并配置和管理 Web 应用程序。

2. FTP 服务

即文件传输协议服务，该服务使用传输控制协议 TCP，这就确保了文件传输的完成和数据传输的准确。该版本的 FTP 支持在站点级别上隔离用户，以帮助管理员保护其因特网站点的安全。

3. SMTP 服务

即简单邮件传输协议服务，IIS 通过此服务发送和接收电子邮件。SMTP 不支持完整的电子邮件服务，它通常和 POP3 服务一起使用。要提供完整的电子邮件服务，可以使用 Microsoft Exchange Server。

4. NNTP 服务

即网络新闻传输协议，可以使用此服务控制单个计算机上的 NNTP 本地讨论组。因为该功能完全符合 NNTP 协议，所以用户可以使用任何新闻阅读客户端程序，加入新闻组进行讨论。

5．IIS 管理服务

IIS 管理服务管理 IIS 配置数据库，并为 Web 服务、FTP 服务、SMTP 服务和 NNTP 服务更新 Microsoft Windows 操作系统注册表，配置数据库用来保存 IIS 的各种配置参数。IIS 管理服务对其他应用程序公开配置数据库，这些应用程序包括 IIS 核心组件、在 IIS 上建立的应用程序，以及独立于 IIS 的第三方应用程序（如管理或监视工具）。

3.2.3　安装 IIS 7.0

为了防止黑客恶意的攻击，在默认情况下，Windows Server 2008 家族没有安装 IIS 7.0。在最初安装 IIS 7.0 后，IIS 7.0 只为静态内容提供服务，像 ASP．NET、在服务器端的包含文件、WebDAV 发布和 FrontPage Server Extensions 等功能只有在启用时才能工作。安装 IIS 7.0 时，用户必须具备管理员权限，这要求用户使用 Administrator 管理员权限登录。下面简要说明 IIS 7.0 的安装过程。

（1）依次展开"开始"→"服务器管理器"，打开"服务器管理器"窗口，单击左侧的"角色"选项后，再单击右侧的"添加角色"，启动"添加角色向导"界面。具体操作界面请参照第 1 章。然后再单击"下一步"按钮，选中"Web 服务器（IIS）"一项，如图 3.2 所示。由于 IIS 依赖 Windows 进程激活服务（WAS），因此会出现如图 3.3 所示的对话框。单击"添加必需的功能"按钮，然后单击"下一步"按钮。

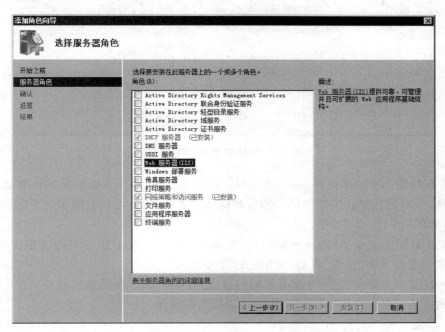

图 3.2　添加 Web 服务器（IIS）

（2）在"Web 服务器（IIS）"界面中，对 Web 服务器（IIS）进行了简单的介绍，单击"下

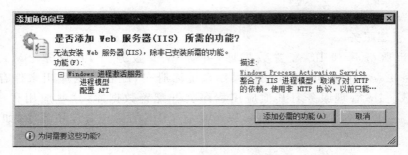

图 3.3　Windows 进程激活服务界面

一步"按钮,如图 3.4 所示。

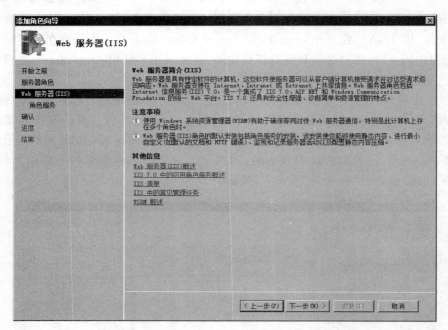

图 3.4　Web 服务器(IIS)简介

(3) 在如图 3.5 所示的界面中,单击每一项服务选项,都会在右侧显示该服务的相关说明信息,一般进行默认安装即可。如果有特殊的需要,用户可以根据实际情况进行选择安装,然后单击"下一步"按钮。

(4) 在如图 3.6 所示"确认安装选择"界面中,显示了 Web 服务器的详细安装信息。确认安装信息后单击"安装"按钮,开始进行安装。

(5) 如图 3.7 显示了 Web 服务的安装进度,在如图 3.8 所示的界面中,显示了 Web 服务器的安装结果。单击"关闭"按钮退出添加角色向导。

3.2.4　验证 Web 服务安装

Web 服务安装完成之后,可以通过查看 Web 相关文件和 Web 服务两种方式来验证 Web 服务是否成功安装。

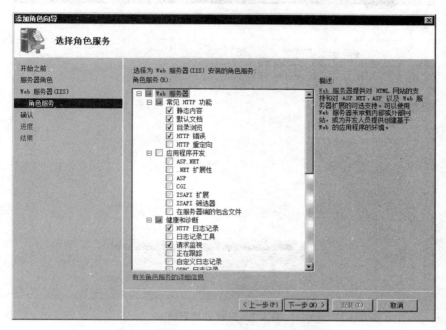

图 3.5 选择为 Web 服务安装的角色服务

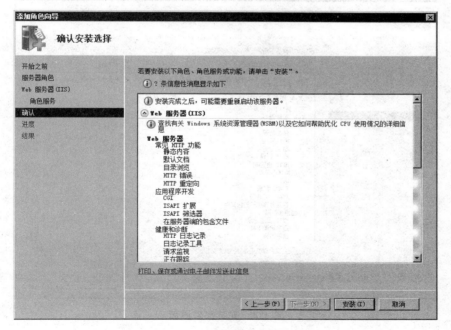

图 3.6 Web 服务确认安装的界面

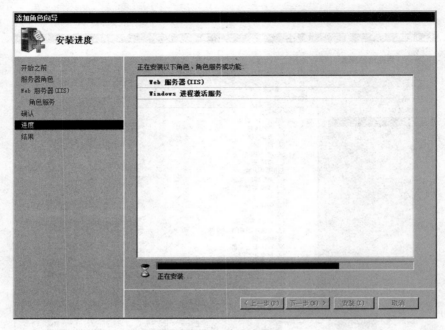

图 3.7　安装进度界面

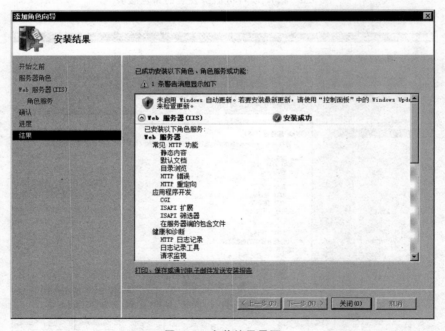

图 3.8　安装结果界面

1. 查看文件

如果 Web 服务成功安装,将会在%SystemDrive%中创建一个 Inetpub 文件夹,其中包含 wwwroot 子文件夹,如图 3.9 所示。

图 3.9　C:\Inetpub\wwwroot 文件夹

　　说明：%SystemDrive% 是系统变量，所代表的值为安装 Windows Server 2008 的硬盘分区。如果将 Windows Server 2008 安装在 C 分区，则 %SystemDrive% 所代表的值为 C 分区。

2. 查看服务

　　Web 服务如果成功安装，会自动启动。因此，在服务列表中将能够看到已启动的 Web 服务。选择"开始"→"管理工具"→"服务"，打开"服务"管理控制台，如图 3.10 所示。在其中能够看到已启动的 Web 服务。

图 3.10　使用"服务"管理控制台查看 Web 服务

3.3　架设与管理 Web 服务器

3.3.1　配置 Web 站点的属性

1. 设置网站主目录

主目录是指保存 Web 网站的文件夹,当用户访问该网站时,Web 服务器会自动将该文件夹中的默认网页显示给客户端用户。

默认网站的主目录是％SystemDrive％\inetpub\wwwroot。当用户访问默认网站时,WWW 服务器会自动将其主目录中的默认网页传送给用户的浏览器。但在实际应用中通常不采用该默认文件夹,因为将数据文件和操作系统放在同一磁盘分区中会带来安全保障、恢复不太方便等问题,并且当保存大量音视频文件时,可能造成磁盘或分区的空间不足。所以最好将作为数据文件的 Web 主目录保存在其他硬盘或非系统分区中。

设置主目录的具体步骤如下。

(1) 打开"开始"→"管理工具"→"Internet 信息服务(IIS)管理器"工具,IIS 管理器采用了 3 列式(左侧为"连接"栏,中间为功能视图和内容视图,右侧为"操作"栏)进行显示,双击 IIS 服务器,可以看到如图 3.11 所示的界面。

图 3.11　IIS 管理器界面

(2) 在左侧的"连接"栏中展开"网站",再选择某一个 Web 站点,在右侧的"操作"栏中单击"基本设置"链接,就可以打开如图 3.12 所示的对话框。在"物理路径"文本框中输入 Web 站点的主目录的路径即可。

在"物理路径"中也可以输入远程共享目录的 UNC 路径,例如,\\192.168.1.8\website,这样就可将网站主目录的位置指定为另一台计算机上的共享文件夹中。单击"连接为"按钮,可以在如图 3.13 所示的"连接为"对话框中设置连接远程共享目录所需要的用户名和密码信息。

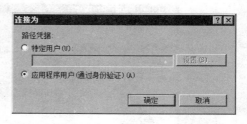

图 3.12　"编辑网站"对话框　　　　　图 3.13　设置连接远程共享目录所需的用户

2. 设置网站默认文档

通常情况下,Web 网站都需要有一个默认文档,当在 IE 浏览器中使用 IP 地址或域名访问时,Web 服务器会将默认文档返回给客户端的浏览器,并显示其内容。当用户浏览网页没有指定文档名时,例如,输入的是 http://192.168.1.8,IIS 服务器会把已设定的默认文档返回给用户,这个文档就称为默认文档。

在 IIS 管理器中配置默认文档的步骤如下。

(1) 在 IIS 管理器中选择默认站点,在"Default Web Site"窗口中,双击 IIS"功能视图"的"默认文档"一项,如图 3.14 所示,系统自带了 6 种默认的文档。

图 3.14　选择"默认文档"

(2) 如果需要为某一网站添加一个默认文档,则应在右侧"操作"栏中单击"添加"链接,在文本框中输入主页名称即可。

利用 IIS 7.0 搭建 Web 网站时,默认文档的文件名如图 3.15 所示,这些也是一般网站中最常用的主页名。在访问时,系统会自动按照由上到下的顺序依次查找与之相对应的文件名。当客户浏览 http://192.168.1.8 时,Web 服务器会先读取主目录下的

Default.htm（排列在列表中最上面的文件），若在主目录内没有该文件，则依次读取后面的文件（Default.asp）等。可以通过单击"添加"或"删除"按钮来添加或删除默认网页。

图 3.15　默认文档

　　另外，可以使用"记事本"或"写字板"等工具编辑一个文档作为主页，只要该文档的名字在"默认文档"列表中存在即可。

　　默认网站的主页如图 3.16 所示。如果将要作为网站默认文档的名称不在此列表，则Web 浏览器在访问时将会出现如图 3.17 所示的错误信息。

图 3.16　默认主页

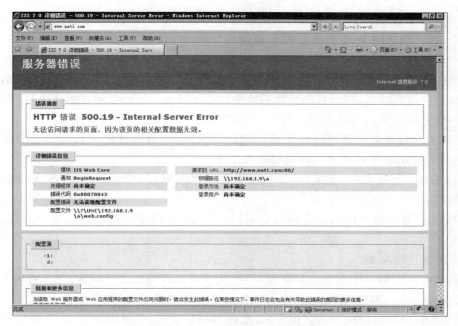

图 3.17　访问未设置默认文档的网站出现的错误信息

3. 绑定 IP 地址、域名和端口号

（1）右击某一网站，选择"编辑绑定"，或者在右侧"操作"栏中选择"绑定"链接，如图 3.18 所示，默认端口为 80，IP 地址为" ＊ "，表示绑定所有 IP 地址。

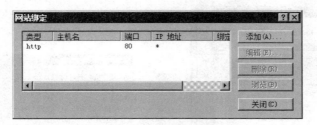

图 3.18　"网站绑定"对话框

（2）在"网站绑定"窗口中单击"编辑"按钮，显示如图 3.19 所示的"编辑网站绑定"对话框。

- IP 地址：在"IP 地址"下拉列表框中指定该网站的 IP 地址，默认值是"全部未分配"，在 Windows Server 2008 下支持安装多块网卡，每块网卡可以绑定多个 IP 地址，因此每个 Web 服务器可以拥有多个 IP 地址。

图 3.19　"编辑网站绑定"对话框

- 端口：端口号默认值为 80，用户在访问该网站时不需要输入端口号，只需要通过

Web 服务器的 IP 地址进行访问即可,形式为"http://IP 地址或域名";对于非 80 端口,在访问 Web 服务器时应该使用"http://IP 地址或域名:端口号"的形式进行访问,此时端口号不可省略。

- 主机名:为网络中用户访问 Web 网站时所使用的名称。例如 www.net.com。当用户访问该网站时,在浏览器的地址栏中输入 www.net.com 即可访问。

4. 设置主目录的访问权限

对于安全性要求较高的网站来说,一般不允许客户对网站的主目录具有写的权限。因此需要对网站的主目录进行访问权限的设置。

(1) 在 IIS 管理器的"连接"界面中选择某一 Web 站点,单击右侧"操作"栏中的"编辑权限"链接,如图 3.20 所示。

(2) 在打开文件夹的属性对话框后,选择"安全"选项卡。根据需要进行访问权限的设置。

5. 配置连接限制

通过在 Web 网站中配置连接限制,可以防止过多的用户访问网站,以免造成 Web 的负载过重或瘫痪。但是,限制以后也可能影响部分用户的正常访问。

在 IIS 管理器中,单击右侧"操作"界面的"限制"连接,会弹出如图 3.21 所示的界面。具体设置如下。

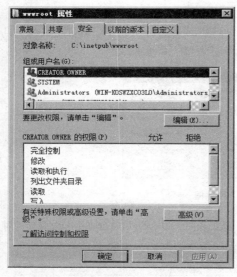

图 3.20　修改用户权限

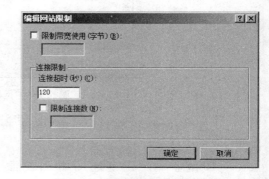

图 3.21　"编辑网站限制"对话框

- 限制带宽使用:用来设置访问该网站所使用的最大带宽,以字节为单位。这里设置为 2000000,即 2M。默认不限制。
- 连接超时:默认为 120 秒,即当用户访问 Web 网站时,如果在 120 秒内没有活动则自动断开。
- 限制连接数:用来设置允许同时连接网站的最大用户数量,这里限制为 500 个。默认不限制。

6. HTTP 重定向

重定向是用来将当前网站的地址指向其他的地址。当用户访问原来的网址时，会重新定位到重定向后指定的网址，这种方法对于正在建设的网站或者正在维护的网站来说是非常有效的一种方法。具体操作步骤如下。

（1）在 IIS 管理器的"功能视图"中双击"HTTP 重定向"图标，如图 3.22 所示。

图 3.22　选定"HTTP 重定向"

（2）接下来会弹出如图 3.23 所示的"HTTP 重定向"窗口。

图 3.23　"HTTP 重定向"窗口

（3）选中"将请求重定向到此目标"复选框，在下面的文本框中输入要重新定位的 URL 地址，如图 3.24 所示。这里我们将 http://www.net1.com 重定向到 http://www.hbsi.edu.cn 网站。这样当用户访问 www.net1.com 网站时会显示河北软件职业技术学院的网站。

图 3.24　设置"HTTP 重定向"

（4）单击右侧"操作"栏中的"应用"按钮，保存该设置即可。

3.3.2　创建 Web 站点

在 Windows Server 2008 中，创建 Web 站点的操作可以通过"Internet 信息服务（IIS）管理器"来完成。为了简化实验配置，我们可以先禁用默认站点，创建实验站点。

具体操作步骤如下。

（1）使用具有管理员权限的用户账号登录 Web 服务器，打开"Internet 信息服务（IIS）管理器"控制台。

（2）右击"网站"→"添加网站"，打开如图 3.25 所示的"添加网站"对话框。

（3）在"添加网站"对话框的"网站名称"处填写网站的命名，在"物理路径"处输入网站的目录，在"IP 地址"下拉列表框中指定要绑定的 IP 地址。

（4）单击"确定"按钮就创建了一个新的网站。建立好的 2 个 Web 网站如图 3.26 所示。

在 IIS 7.0 中，默认只提供了对静态网页的支持。对于动态网页，需要在 IIS 中启动动态属性，才能正常地查看动态网页的内容，具体的操作步骤为：打开"IIS 管理器"，在"功能视图"中选择"ISAPI 和 CGI 限制"图标，双击并查看其设置，如图 3.27 所示。右击要启动或停止的动态属性服务，在弹出的快捷菜单中选择"允许"或"停止"命令即可。

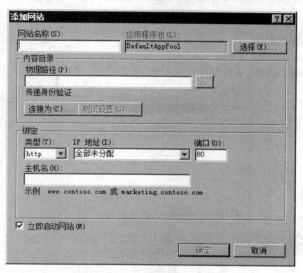

图 3.25　"添加网站"窗口

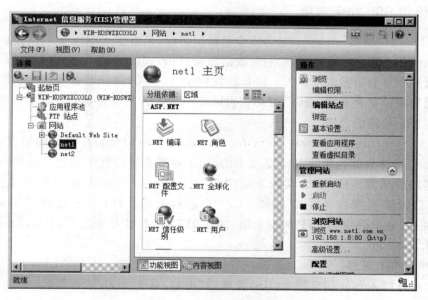

图 3.26　新建的 Web 网站

图 3.27　启动或停止动态属性

3.3.3　使用 SSL 加密连接

SSL(Secure Socket Layer)意为安全套接层协议,是由 Netscape 公司研发的,用以保障在 Internet 上数据传输之安全,利用数据加密(Encryption)技术,可确保数据在网络上之传输过程中不会被截取及窃听。SSL 协议位于 TCP/IP 协议与各种应用层协议之间,为数据通信提供安全支持。HTTP 协议可以使用 SSL 来加密传输对安全的数据和信息,从而达到安全传输的目的。

HTTPS(Secure Hypertext Transfer Protocol)意为安全超文本传输协议。它是由 Netscape 公司开发并内置于其浏览器中的,用于对数据进行压缩和解压操作,并返回网络上传送回的结果。HTTPS 实际上应用了 Netscape 的 SSL 作为 HTTP 应用层的子层。HTTPS 使用端口 443 端口和 TCP/IP 进行通信。HTTPS 是以安全为目标的 HTTP 通道,简单讲是 HTTP 的安全版,即在 HTTP 下加入 SSL 层,HTTPS 的安全基础是 SSL。

1. 申请 SSL 证书

(1) 打开"Internet 信息服务(IIS)管理器"窗口,单击 Web 服务器名,在主页窗口中双击"服务器证书"图标,如图 3.28 所示。

(2) 在右侧"操作"栏中单击"创建自签名证书"按钮,显示如图 3.29 所示的对话框。可以申请 Web 服务器的证书,使其能为配置了 SSL 的网站提供证书。

(3) 在如图 3.30"创建自签名证书"所示的窗口中,在"为证书指定一个好记名称"的文本框中输入申请证书的名称。

(4) 单击"确定"按钮,自签名证书创建完成,在如图 3.31 所示的界面中会显示证书的详细信息。

图 3.28　选择"服务器证书"图标

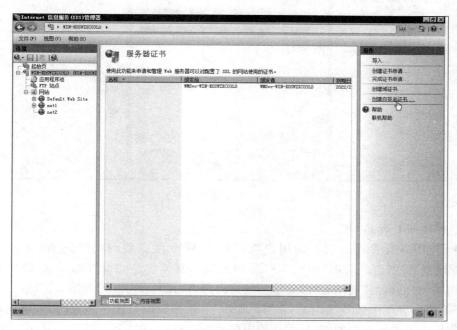

图 3.29　"服务器证书"窗口

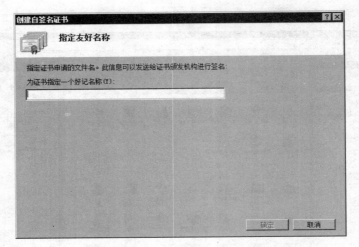

图 3.30　"创建自签名证书"对话框

图 3.31　服务器证书列表

2. 创建 SSL 网站

（1）使用具有管理员权限的用户账号登录 Web 服务器，打开"Internet 信息服务 (IIS)管理器"控制台。右击"网站"→"添加网站"，具体信息的设置如图 3.32 所示。在"添加网站"对话框的"网站名称"处填写网站的命名，在"物理路径"处输入网站的目录，在"类型"下拉列表框中选择"https"，在"IP 地址"下拉列表框中选择绑定的 IP 地址，在"端口"文本框中设置所使用的端口，默认使用的是 443 端口，在"SSL 证书"下拉列表中选择前面新建的证书。

（2）单击"确定"按钮，完成网站的绑定操作。

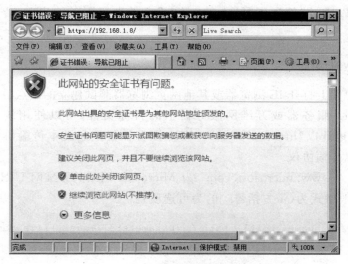

图 3.32 添加 SSL 网站

3. 访问 SSL 网站

客户端在访问 SSL 网站时,需要先配置为信息证书服务,再使用"https://IP 地址或域名"的形式访问 SSL 网站。

(1)在客户端的计算机上,在浏览器的地址栏输入 SSL 网站的地址,首先会显示如图 3.33 所示的界面。

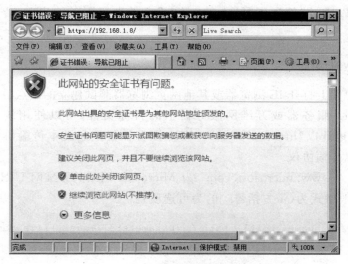

图 3.33 安全证书有问题的网页

(2)单击"继续浏览此网站(不推荐)"链接,可以弹出如图 3.34 所示的界面。提示与该站点的信息交换不会被其他人查看或更改,单击"确定"按钮,就可以浏览到 SSL 网站的内容了,如图 3.35 所示。

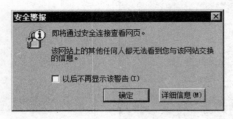

图 3.34　"安全警报"对话框　　　　图 3.35　访问到的 SSL 网页

3.3.4　启动、停止和暂停 Web 服务

当一个站点的内容和设置需要进行比较大的修改时，网站管理人员就需要将该 Web 站点的服务停止或者暂停，并在 Web 网站完成维护工作后再继续服务。

（1）依次展开"Internet 信息服务（IIS）管理器"→"网站"→某一网站，在右侧"操作"栏中的"管理网站"处分别选择"启动"、"重新启动"或"停止"命令，即可进行各项相应的操作。

（2）打开"Internet 信息服务（IIS）管理器"控制台，右击某一网站→管理网站，再选择"启动"、"重新启动"或"停止"命令。

此外，还可以通过"管理工具"下的"服务"工具进行服务的启动、停止和重新启动 Web 服务。

3.3.5　测试 Web 站点

可以在客户端上打开 IE 浏览器或其他网页浏览器测试建立的站点。

对于 Internet 服务器或万维网服务器上的目标文件，可以使用统一资源定位符（URL）地址（该地址以"http://"开始）。Web 服务器使用超文本传输协议（HTTP），一种 Internet 信息传输协议。

例如，http://www.microsoft.com/ 为 Microsoft 网站的万维网 URL 地址。

URL 的一般格式为（带方括号[]的为可选项）：

protocol://hostname[:port] / path / [;parameters][?query]#fragment

例如：

http://www.imailtone.com:80/WebApplication1/

格式说明：

（1）protocol（协议）：指定使用的传输协议。最常用的是 HTTP 协议，它也是目前万维网中应用最广的协议。

• file：资源是本地计算机上的文件，格式为 file://。

- ftp：通过 FTP 访问资源，格式为 ftp://。
- gopher：通过 Gopher 协议访问该资源。
- http：通过 HTTP 访问该资源，格式为 http://。
- https：通过安全的 HTTPS 访问该资源，格式为 https://。
- mailto：资源为电子邮件地址，通过 SMTP 访问，格式为 mailto：。
- MMS：通过支持 MMS(流媒体)协议的播放该资源(代表软件有 Windows Media Player)，格式为 MMS://。
- ed2k：通过支持 ed2k(专用下载链接)协议的 P2P 软件访问该资源(代表软件有电驴)，格式为 ed2k://。
- Flashget：通过支持 Flashget(专用下载链接)协议的 P2P 软件访问该资源(代表软件有快车)，格式为 Flashget://。
- thunder：通过支持 thunder(专用下载链接)协议的 P2P 软件访问该资源(代表软件有迅雷)，格式为 thunder://。

(2) hostname(主机名)：是指存放资源的服务器的域名系统(DNS)主机名或 IP 地址。有时，在主机名前也可以包含连接到服务器所需的用户名和密码(格式为 username@password)。

(3) port(端口号)：整数，可选，省略时使用方案的默认端口，各种传输协议都有默认的端口号，如 http 的默认端口为 80。如果输入时省略，则使用默认端口号。有时候出于安全或其他考虑，可以在服务器上对端口进行重定义，即采用非标准端口号，此时，URL 中就不能省略端口号这一项。

(4) path(路径)：由零个或多个"/"符号隔开的字符串，一般用来表示主机上的一个目录或文件地址。

注意，Windows 主机不区分 URL 大小写，但是，UNIX/Linux 主机区分大小写。

3.4　虚拟主机技术

3.4.1　了解虚拟主机技术

在安装 IIS 时系统已经建立了一个默认的 Web 网站，直接将网站内容放到其主目录或虚拟目录中即可直接使用，但最好还是重新设置，以保证网站的安全。如果需要，还可在一台服务器上建立多个虚拟主机，来实现多个 Web 网站，这样可以节约硬件资源，达到降低成本的目的。

虚拟主机的概念对于 ISP(因特网服务提供商)来讲非常有用，因为虽然一个组织可以将自己的网页挂在其他域名的服务器上的下级网址上，但使用独立的域名和根网址更为正式，易为众人接受。一般来讲，必须自己设立一台服务器才能达到独立域名的目的，然而这需要维护一个单独的服务器，很多小企业缺乏足够的维护能力，所以更为合适的方式是租用别人维护的服务器。ISP 也没有必要为每一个机构提供一个单独的服务器，完全可以使用虚拟主机，使服务器为多个域名提供 Web 服务，而且不同的服务互不干扰，对外就表现为多个不同的服务器。

使用虚拟主机技术,通过分配 TCP 端口、IP 地址和主机头名,可以在一台服务器上建立多个虚拟 Web 网站,每个网站都具有唯一的由端口号、IP 地址和主机头名三部分组成的网站标识,用来接收来自客户端的请求,不同的 Web 网站可以提供不同的 Web 服务,而且每一个虚拟主机和一台独立的主机完全一样。虚拟技术将一个物理主机分割成多个逻辑上的虚拟主机使用,显然能够节省经费,对于访问量较小的网站来说比较经济实用,但由于这些虚拟主机共享这台服务器的硬件资源和带宽,在访问量较大时就容易出现资源不够用的情况。一般来讲,架设多个 Web 网站可以通过以下几种方式:

- 使用不同端口号架设多个 Web 网站。
- 使用不同 IP 地址架设多个 Web 网站。
- 使用不同主机头名架设多个 Web 网站。

3.4.2　使用同一 IP 地址、不同端口号来架设多个网站

IP 地址资源越来越紧张,有时需要在一个 Web 服务器上架设多个网站,但一台计算机却只有一个 IP 地址,那么使用不同的端口号也可以达到架设多个网站的目的。其实,用户访问所有的网站都需要使用相应的 TCP 端口,Web 服务器默认的 TCP 端口为 80,在用户访问时不需要输入。但如果网站的 TCP 端口不为 80,在输入网址时就必须添加上端口号,而且用户在上网时也会经常遇到必须使用端口号才能访问的网站。利用 Web 服务的这个特点,可以架设多个网站,每个网站均使用不同的端口号,这种方式创建的网站,其域名或 IP 地址部分完全相同,仅端口号不同。

例如,Web 服务器中原来有一个网站为 www.net1.com,使用的 IP 地址为 192.168.1.8,现在要再架设一个网站 www.net2.com,IP 地址仍使用 192.168.1.8,这时可以将新网站的 TCP 端口号设为其他端口号(如 8080),如图 3.36 所示。这样,用户在访问该

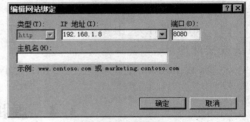

图 3.36　设置端口号

网站时,就可以使用网址 http://www.net2.com:8080 或 http://192.168.1.8:8080 进行访问。

3.4.3　使用不同的 IP 地址架设网站

如果要在一台 Web 服务器上创建多个网站,为了使每个网站域名都能对应于独立的 IP 地址,一般都使用多 IP 地址来实现。当然,为了用户在浏览器中可以使用不同的域名来访问不同的 Web 网站,必须将主机名及其对应的 IP 地址添加到 DNS 服务器中。

Windows Server 2008 系统支持在一台服务器上安装多块网卡,并且一块网卡还可以绑定多个 IP 地址。将这些 IP 分配给不同的虚拟网站,就可以达到在一台服务器上使用多个 IP 地址来架设多个 Web 网站的目的。例如,要在一台服务器上创建两个网站 www.net1.com 和 www.net2.com,对应的 IP 地址分别为 192.168.1.8 和 192.168.1.9,需

要在服务器网卡中添加这两个地址,具体的操作步骤如下。

（1）依次打开"本地连接 状态"窗口→"属性"→"Internet 协议版本 4（TCP/IPv4）属性",单击"高级"按钮,显示"高级 TCP/IP 设置"窗口,如图 3.37 所示。单击"添加"按钮将这两个 IP 地址添加到"IP 地址"列表中。

（2）在 DNS 控制台中,需要使用"新建区域向导"新建两个域,域名称分别为 net1.com 和 net2.com,并创建相应主机,对应的 IP 地址分别为 192.168.1.8 和 192.168.1.9,使不同 DNS 域名与相应的 IP 地址对应起来,如图 3.38 所示。这样,网上用户才能够使用不同的域名来访问不同的网站。

图 3.37　添加网卡地址

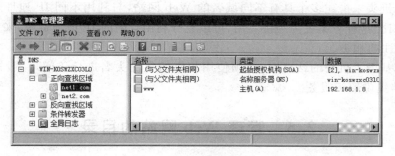

图 3.38　添加 DNS 域名

（3）在 IIS 管理器中用鼠标右击"网站"→"添加网站"。在"编辑网站绑定"窗口中的"IP 地址"下拉列表框中,分别为网站指定 IP 地址。

当这两个网站创建完成以后,再分别为不同的网站进行配置,如指定主目录等,这样在一台 Web 服务器上就可以创建多个网站了。

3.4.4　使用主机头名架设多个网站

使用主机头创建的域名也称二级域名。现在,在 Web 服务器上利用主机头创建 www.net1.com 和 www.net2.com 两个网站为例进行介绍,其 IP 地址均为 192.168.1.8。具体的操作步骤如下。

（1）为了让用户能够通过因特网找到 www.net1.com 和 www.net2.com 网站的 IP 地址,需将其 IP 地址注册到 DNS 服务器。在 DNS 服务器中,针对 net1.com 和 net2.com 两个域新建两个主机,其 IP 地址均为 192.168.1.8。

（2）打开 IIS 管理器窗口,创建网站,如图 3.39 所示。

（3）也可以在"编辑网站绑定"窗口中的"主机名"下拉列表框中,分别为网站指定主机名,如图 3.40 所示。该域名应该与在 DNS 服务器中设置的域名一致。

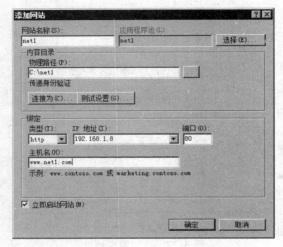

图 3.39　创建基于主机名的虚拟主机　　　　图 3.40　修改网站的主机名

　　使用主机头来搭建多个具有不同域名的 Web 网站,与利用不同 IP 地址建立虚拟主机的方式相比,这种方案更为经济实用,可以充分利用有限的 IP 地址资源,来为更多的客户提供虚拟主机服务。

　　在测试基于主机头的站点时,必须使用相应的主机头名进行访问,一般情况下需要 DNS 服务器提供解析服务。

3.5　管理 Web 网站的目录

3.5.1　了解虚拟目录

　　虚拟目录是在 Web 网站主目录下建立的一个易记的名称或别名,可以将位于主目录以外的某个物理目录或其他网站的主目录链接到当前网站主目录下。这样,客户端只需要连接一个网站,就可以访问到存储在服务器中各个位置的资源,以及存储在其他计算机上的资源。使用虚拟目录的好处为:

- 虚拟目录的名称通常要比物理目录的名称易记,因此更便于用户访问。
- 使用虚拟目录可以提高安全性,因为客户端并不知道文件在服务器上的实际物理位置,所以无法使用该信息来修改服务器中的目标文件。
- 使用虚拟目录可以更方便地移动网站中的目录,只需更改虚拟目录物理位置之间的映射,无需更改目录的 URL。
- 使用虚拟目录可以发布多个目录下的内容,并可以单独控制每个虚拟目录的访问权限。
- 使用虚拟目录可以均衡 Web 服务器的负载,因为网站中资源来自于多个不同的服务器,从而避免单一服务器负载过重,响应缓慢。

虚拟目录可以映射到本地服务器上的目录(例如 D:\wangluoxi)或者通过 UNC 路径

映射到其他计算机上的共享目录(例如\\192.168.1.8\market),也可以映射到其他网站的 URL(例如 http://www.hbsi.edu.cn)。表 3.1 列出了虚拟目录及其映射关系的示例。

表 3.1　虚拟目录及其映射关系的示例

物理位置	虚拟目录名称	Web 客户端连接使用的 URL
D:\site1	无(主目录)	http://www.site1.com
D:\wangluoxi	wangluoxi	http://www.site1.com/wangluoxi
\\192.168.1.8\market	market	http://www.site1.com/market
http://www.hbsi.edu.cn	hbsi	http://www.site1.com/hbsi

3.5.2　创建虚拟目录

创建虚拟目录的具体步骤如下。

(1) 使用具有管理员权限的用户账户登录 Web 服务器,打开"Internet 信息服务(IIS)管理器"控制台。

(2) 在左侧的"连接"栏中展开"网站",然后右击要创建虚拟目录的网站,在弹出的快捷菜单中选择"添加虚拟目录",如图 3.41 所示。

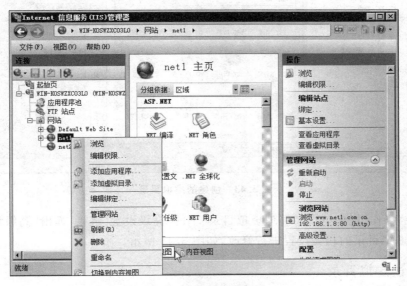

图 3.41　新建虚拟目录

(3) 在如图 3.42 所示的"添加虚拟目录"界面中,在"别名"文本框中输入虚拟目录的名称,在"物理路径"中输入虚拟目录映射的物理位置。在该对话框中只能输入本地硬盘上的目录或指向其他计算机上共享目录的 UNC 路径,不能输入指向到其他网站的 URL。如果要创建映射到 URL 的虚拟目录,则需先在此对话框中输入本地硬盘上的目录,然后在虚拟目录创建完成后,在虚拟目录属性对话框中将其重定向到指定的 URL。

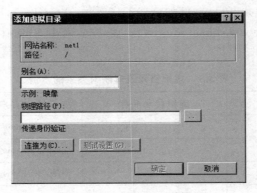

图 3.42 添加虚拟目录

（4）单击"确定"按钮，返回"IIS 管理器"界面。在左侧"连接"栏可以看到新建立的虚拟目录，如图 3.43 所示。

图 3.43 创建的虚拟目录

（5）在"操作"栏中，单击"管理虚拟目录"下的"高级设置"链接，弹出"高级设置"对话框，可以对虚拟目录的相关设置进行修改，如图 3.44 所示。

3.5.3 测试虚拟目录

登录 Web 客户端，打开 IE 浏览器。输入虚拟目录的 URL，对虚拟目录进行测试，如图 3.45 所示。

如果虚拟目录不能正常显示，需要查看 IIS 管理器中间部分的"目录浏览"一项是否启用。只有启动该功能才能正常显示虚拟目录下的内容，如图 3.46 所示。

图 3.44 虚拟目录高级设置

图 3.45 测试虚拟目录

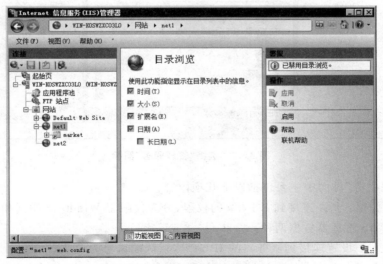

图 3.46 启用"目录浏览"

3.6　远程管理 Web 服务器

当一个 Web 服务器搭建完成后,对它的管理是非常重要的,但是网络管理员不可能每天都坐在服务器前进行操作,此时网站管理员可以从任何一个接入网络的计算机连入到 Web 服务器,通过 IE 浏览器对服务器进行日常管理,如新增和删除用户、修改网站的配置、维护网站的内容等。本节主要介绍两种管理方式,分别是利用 IIS 远程管理和利用远程管理(HTML)进行管理。

IIS 7.0 提供了许多方法来对网络进行远程管理,IIS 7.0 中的远程管理服务在本质上是一个小型 Web 应用程序,它作为单独的服务,在服务名为 WMSVC 的本地服务账户下运行。在此设计使得即使在 IIS 服务器自身无响应的情况下该服务仍可维持远程管理功能。在 IIS 7.0 中,远程管理默认情况下没有安装。要安装远程管理功能,需要将 Web 服务器角色的角色服务添加到 Windows Server 2008 的服务器管理器中。

3.6.1　启用远程服务

安装后,打开“Internet 信息服务(IIS)管理器”控制台,在“功能视图”中双击“管理服务”图标,如图 3.47 所示,可以打开如图 3.48 所示的界面。

图 3.47　选择“管理服务”图标

在“管理服务”界面中主要包括以下几项内容:

- 标识凭据:允许连接到 IIS 7.0 的权限,分为仅限于 Windows 凭据和 Windows 凭据或 IIS 管理器凭据两种。
- IP 地址:设置连接到服务器的 IP 地址,默认端口号为 8172。
- SSL 证书:系统中的默认证书的名为 WMSVC-WIN2008 证书,这是系统专门为

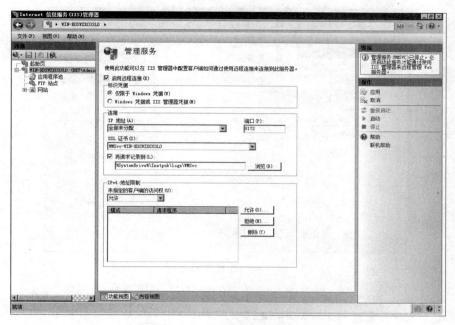

图 3.48　"管理服务"界面

远程管理服务的证书。

- IPv4 地址限制：允许或禁止某些 IP 地址或域名的访问。

要进行远程管理必须启用远程连接并启动 WMSVC 服务，默认情况下该服务没有启动。WMSVC 服务的默认为手动启动。如果希望该服务能够自动启动，则需要将设置更改为自动。可以通过在命令行中输入以下命令来实现。

```
sc config WMSVC start=auto
```

注意：在等号和值之间需要有一个空格。

3.6.2　进行远程管理

（1）打开"IIS 管理器"，在左侧"连接"栏中右击"起始页"，在出现的快捷菜单中可以选择"连接至服务器"、"连接至站点"、"连接至应用程序"命令，如图 3.49 所示。

注意：在进行远程管理时，需要拥有一个有权限连接的账号和密码才能登录远程服务器。

（2）在如图 3.50 所示的"连接至服务器"对话框中，在"服务器名称"文本框中输入要进行远程管理的服务器的名称或者 IP 地址，然后单击"下一步"按钮。

（3）在如图 3.51 所示的"连接至服务器"的对话框中，输入连接名称，单击"完成"按钮就可以在 IIS 管理中看到要管理的远程网站，如图 3.52 所示。

图 3.49 连接至服务器

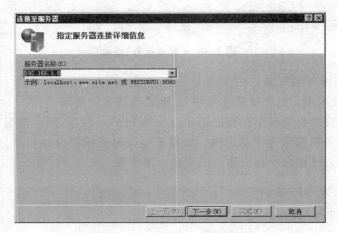

图 3.50 指定服务器的名称

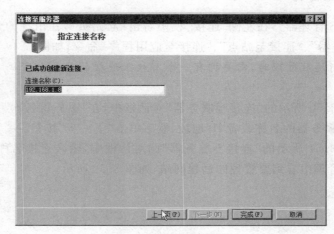

图 3.51 指定连接名称

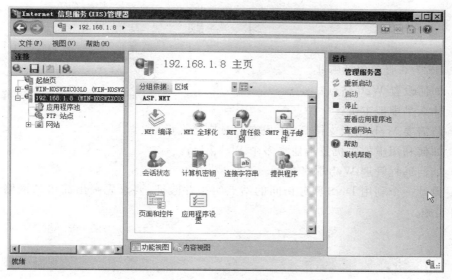

图 3.52 远程管理界面

本 章 小 结

本章结合一个企业的 Web 服务器的架设需求,详细讲述了 Web 服务器和 Web 客户端的配置过程。通过本章的学习,使学生掌握了 Web 的架设过程,也了解了管理 Web 的相关知识。

实 训 练 习

【实训目的】:掌握 Web 服务器的使用。

【实训内容】:

(1) 设置 IP 地址、主目录。

(2) 安装 Web 服务。

(3) 配置 Web 服务器。

【实训步骤】:

(1) 准备好 Web 主目录、默认文档等。

(2) 安装 Web 服务器(IIS)角色。

(3) 在 IIS 中创建 Web 站点。

(4) 创建虚拟目录。

(5) 基于 IP 地址、端口号和主机头技术的虚拟主机的使用。

(6) 利用 IE 等浏览器测试 Web 服务器是否能够正常访问。

习　　题

1. IIS 7.0 服务包括哪些?

2. 如何设置 Web 站点?

3. 什么是虚拟主机?

4. 若需要 Web 站点支持 ASP,发布目录应怎么设置?

5. 如何利用虚拟主机技术建立多个 Web 网站。

6. 如何远程管理 Web 服务器?

7. 设计一个利用 DNS 服务访问的站点实验并验证,要求先画出简单的网络规划拓扑图再实施。

## 第 4 章

架设 FTP 服务器

学习目标

- 了解 FTP 服务器。
- 理解 FTP 服务的工作过程。
- 掌握 FTP 服务的安装。
- 掌握非隔离式用户模式的 FTP 站点的架设。
- 理解并掌握隔离式用户模式的 FTP 站点的架设。

案例情景

如果网络管理员在外地出差,而 Web 服务器出现故障或需要维护,此时通过 FTP 进行数据处理是一种比较好的方式。自从有了互联网,通过网络来传输文件就一直是一件很重要的工作。在互联网诞生初期,FTP 就已经被应用在文件传输服务上,而且一直是文件传输服务的主角。FTP 服务是 Internet 上最早应用于主机之间进行数据处理传输的基本服务之一。

项目需求

某公司或企业在日常管理中,可能会遇到如下问题:

(1) 进行 Web 服务器的数据更新。

(2) 经常需要共享软件或文件资料等信息。

(3) 需要在不同的操作系统之间传输数据。

(4) 文件的尺寸较大,无法通过邮箱等工具传递。

FTP 服务器的架设就能解决此问题。

实施方案

面对着上述等问题时,该公司迫切需要建立能够实现进行上传或下载的服务,而 FTP 服务器就能解决这些问题,它能够方便用户快速访问各种所需资源。具体可以按照以下步骤实现:

(1) 将 FTP 主目录所使用的分区格式设置为 NTFS 文件系统,以方便设置权限。

(2) 将 FTP 服务器安装在 Web 服务器或文件服务器上,用来对 Web 或文件服务器进行数据维护。

(3) 根据客户需求,架设非隔离式或隔离式的 FTP 站点。

4.1 了解 FTP 服务

4.1.1 了解 FTP 服务器

FTP 服务器是指使用 FTP 实现在不同计算机之间进行文件传输的服务器,它通常提供分布式的信息资源共享,例如上传、下载或实现软件更新等。

自从有了互联网以后,人们通过网络来传输文件是一件很平常很重要的工作。FTP (File Transfer Protocol,文件传输协议)是因特网上最早应用于主机之间进行文件传输的标准之一。FTP 工作在 OSI 参考模型的应用层,它利用 TCP(传输控制协议)在不同的主机之间提供可靠的数据传输。由于 TCP 是一种面向连接的、可靠的传输控制协议,所以它的可靠性就保证了 FTP 文件传输的可靠性。FTP 还具有一个特点就是支持断点续传功能,这样可以大大地减少网络带宽的开销。此外,FTP 还有一个非常重要的特点就是可以独立于平台,因此在 Windows、Linux 等各种常用的网络操作系统中都可以实现 FTP 的服务器和客户端。

一般有两种 FTP 服务器。一种是普通的 FTP 服务器,这种 FTP 服务器一般要求用户输入正确的用户账号和密码才能访问。另一种是匿名 FTP 服务器,这种 FTP 服务器一般不需要输入用户账号和密码就能访问目标站点。

4.1.2 理解 FTP 服务的工作过程

FTP 通过 TCP 传输数据,TCP 保证客户端与服务器之间数据的可靠传输。FTP 采用客户端/服务器模式,用户通过一个支持 FTP 协议的客户端程序,连接到远程主机上的 FTP 服务器程序。通过客户端程序向服务器程序发出命令,服务器程序执行用户所发出的命令,并将执行结果返回给客户端。客户端与服务器之间通常建立两个 TCP 连接,一个称为控制连接,另一个称为数据连接,如图 4.1 所示。控制连接主要用来传送在实际通信过程中需要执行的 FTP 命令以及命令的响应。控制连接是在执行 FTP 命令时,由客户端发起的通往 FTP 服务器的连接。控制连接并不传输数据,只用来传输控制数据传输的 FTP 命令集及其响应。数据连接用来传输用户的数据。在客户端要求进行上传和下载等操作时,客户端和服务器将建立一条数据连接。在数据连接存在的时间内,控制连接肯定是存在的,但是控制连接断开,数据连接会自动关闭。

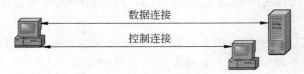

数据连接

控制连接

图 4.1 连接 FTP 服务器

当客户端启动 FTP 客户端程序时,首先与 FTP 服务器建立连接,然后向 FTP 服务器发出传输命令,FTP 服务器在收到客户端发来命令后给予响应。这时激活服务器的控制进程,控制进程与客户端进行通信。如果客户端用户未注册并未获得 FTP 服务器授权,也就不能使用正确的用户名和密码,即不能访问 FTP 服务器进行文件传输。如果服务器启用了匿名 FTP 就可以让用户在不需要输入用户名和密码的情况下,直接访问 FTP 服务器。

使用 FTP 传输文件时,用户需要输入 FTP 服务器的域名或 IP 地址。如果 FTP 服务器不是使用默认端口,则还需要输入端口号。当连接到 FTP 服务器后,提示输入用户名和密码,则说明该 FTP 服务器没有提供匿名登录。否则,用户可以通过匿名登录直接访问该 FTP 服务器。

4.2 安装 FTP 服务

4.2.1 架设 FTP 服务器的需求

架设 FTP 服务器应满足下列要求:
- 使用内置了 IIS 以提供 FTP 服务的服务器端操作系统。
- FTP 服务器的 IP 地址、子网掩码等 TCP/IP 参数应该手工指定。
- 为了更好地为客户端提供服务,FTP 服务器应拥有一个友好的 DNS 名称,以便 FTP 客户端能够通过该 DNS 名称访问 FTP 服务器。

4.2.2 安装 FTP 服务

下面简要说明 FTP 服务的安装过程如下。

(1) 依次展开"开始"→"服务器管理器",打开"服务器管理器"窗口,单击左侧的"角色"选项后,再单击右侧的"添加角色"选项,启动"添加角色向导"界面。然后再单击"下一步"按钮,选中"Web 服务器(IIS)"选项,如图 4.2 所示。由于 IIS 依赖 Windows 进程激活服务(WAS),因此会出现如图 4.3 所示的对话框。单击"添加必需的功能"按钮,然后单击"下一步"按钮。

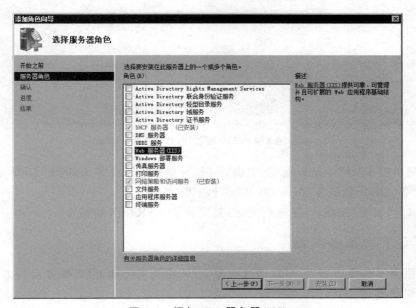

图 4.2 添加 Web 服务器(IIS)

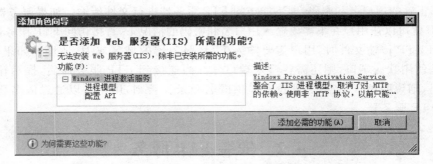

图 4.3　Windows 进程激活服务界面

（2）在"Web 服务器（IIS）"界面中，对 Web 服务器（IIS）进行了简单的介绍，如图 4.4
所示，单击"下一步"按钮。

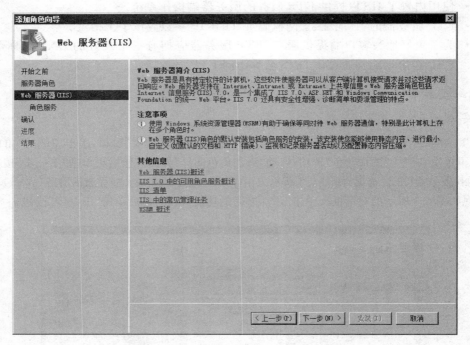

图 4.4　Web 服务器（IIS）简介

（3）在如图 4.5 所示的界面中，单击"FTP 发布服务"，会弹出如图 4.6 所示的界面，
单击"添加必需的角色服务"按钮，再单击"下一步"按钮。

（4）单击"安装"按钮，开始进行安装，就完成了 FTP 服务的安装。

4.2.3　验证 FTP 服务安装

FTP 服务安装完成之后，可以通过查看 FTP 相关文件和 FTP 服务两种方式来验证
FTP 是否成功安装。

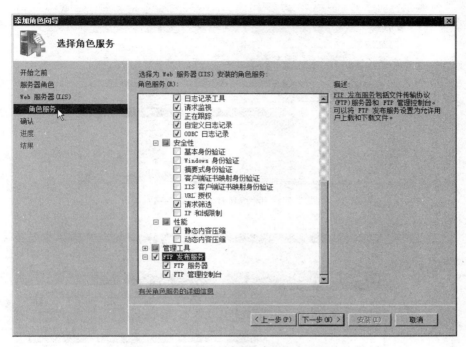

图 4.5 选择为 FTP 服务安装的角色服务

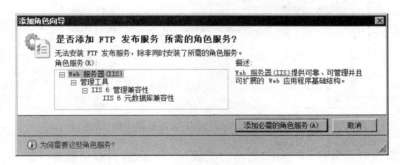

图 4.6 添加必需的角色服务

1. 查看文件

如果 FTP 服务成功安装,将会在％systemdrive％中创建一个 inetpub 文件夹,其中包含 ftproot 文件夹,如图 4.7 所示。

2. 查看服务

FTP 服务如果成功安装,会自动启动。因此,在服务列表中将能够看到已启动的 FTP 服务。选择"开始"→"管理工具"→"服务"命令,打开"服务"管理控制台,如图 4.8 所示,在其中能够看到已启动的 FTP 服务。

4.2.4 启动、停止和暂停 FTP 服务

当一个 FTP 站点的内容和设置需要进行比较大的修改时,网站管理人员就需要将该

图 4.7　\inetpub\ftproot 文件夹

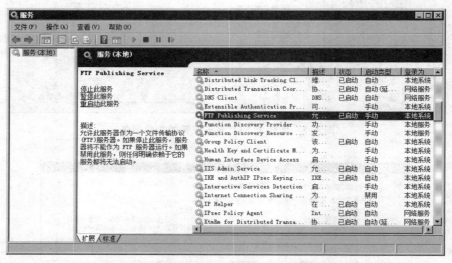

图 4.8　使用"服务"管理控制台查看 FTP 服务

站点的服务停止或者暂停,并在 FTP 站点完成维护工作后再继续服务。

(1) 使用具有管理员权限的用户账户登录 FTP 服务器。

(2) 选择"开始"→"管理工具",打开"Internet 信息服务(IIS)管理器"控制台窗口,在左侧的"连接"窗口中选择"FTP 站点",如图 4.9 所示。在功能视图中会看到有关 FTP 站点的说明,单击"单击此处启动"链接,会打开"Internet 信息服务(IIS)6.0 管理器"窗口。默认情况下,默认的 FTP 站点(Default FTP Site)没有启动,需要展开"FTP 站点",右击"Default FTP Site"站点,在弹出的快捷菜单中选择"启动"命令,来启动默认的 FTP 站点。也可以选择"暂停"、"停止"等命令进行各项相应的操作,如图 4.10 所示。

此外,还可以通过"管理工具"下的"服务"工具进行服务的启动、停止和重新启动 FTP 服务,如图 4.11 所示。

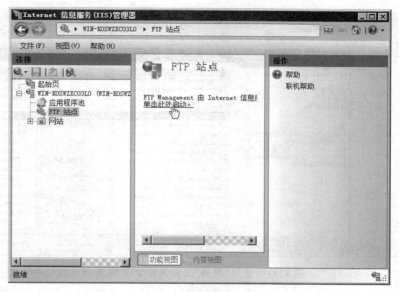

图 4.9 启动 FTP 服务

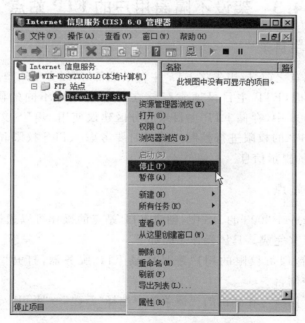

图 4.10 FTP 服务的停止、启动和暂停设置

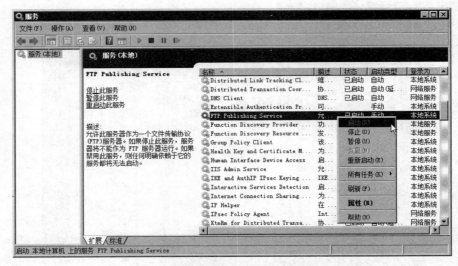

图 4.11　使用"服务"工具设置 FTP 服务

4.3　架设不隔离用户的 FTP 站点

4.3.1　准备 FTP 主目录

在建立 FTP 站点之前，应当先将 FTP 主目录准备好，以方便用户进行文件传输。出于安全性等方面考虑，FTP 主目录通常存储在与系统文件不同的硬盘或分区中。在 Windows Server 2008 中，存储 FTP 主目录的分区建议使用 NTFS 文件系统，以确保能够更加灵活地对 FTP 的权限进行控制。测试时要考虑 NTFS 权限和站点权限的设置，以防出现访问拒绝的提示信息。

4.3.2　创建 FTP 站点

在 Windows Server 2008 的 IIS 中，创建 FTP 站点的操作可以通过"Internet 信息服务(IIS)6.0 管理器"来完成。具体操作步骤如下。

(1) 使用具有管理员权限的用户账号登录 FTP 服务器，打开"Internet 信息服务(IIS)6.0 管理器"控制台。

(2) 右击"FTP 站点"，在弹出的快捷菜单中选择"新建"→"FTP 站点"，打开"FTP 站点创建向导"对话框。

(3) 单击"下一步"按钮，进入"FTP 站点描述"界面，输入关于 FTP 站点的描述信息，如图 4.12 所示。

(4) 单击"下一步"按钮，进入"IP 地址和端口设置"界面，在此界面中可以设置 FTP 站点所使用的 IP 地址和端口号，默认服务端口号为 21，如图 4.13 所示。

(5) 单击"下一步"按钮，进入"FTP 用户隔离"界面，通过此界面，可以设置 FTP 用户隔离的选项。有关用户隔离的知识在后面进行介绍。在此选中"不隔离用户"单选框，如

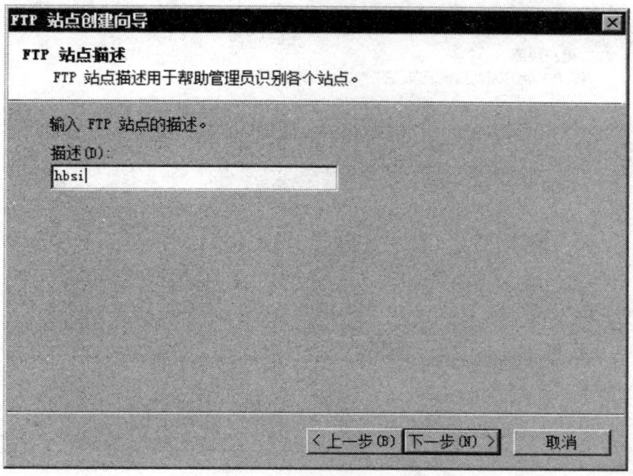

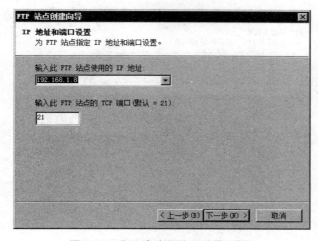

图 4.12 "FTP 站点描述"界面

图 4.13 "IP 地址和端口设置"界面

图 4.14 所示。

（6）单击"下一步"按钮，进入"FTP 站点主目录"界面，在此可以设置 FTP 站点的主目录，如图 4.15 所示。

（7）单击"下一步"按钮，进入"FTP 站点访问权限"界面。在此界面中可以设置 FTP 站点的访问权限，如图 4.16 所示。

注意： FTP 站点访问权限除了可以通过其本身的权限进行控制之外，还可以通过 NTFS 权限来控制。

（8）单击"下一步"按钮，进入"完成"界面，新建了一个 FTP 站点，如图 4.17 所示。

4.3.3 使用 FTP 客户端连接 FTP 站点

FTP 服务器在架设成功后，可以使用以下几种方式来测试 FTP 服务器是否能够正常运行。

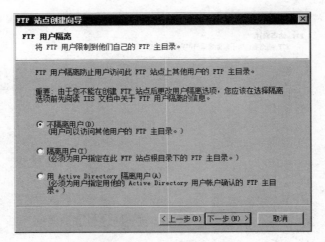

图 4.14 "FTP 用户隔离"界面

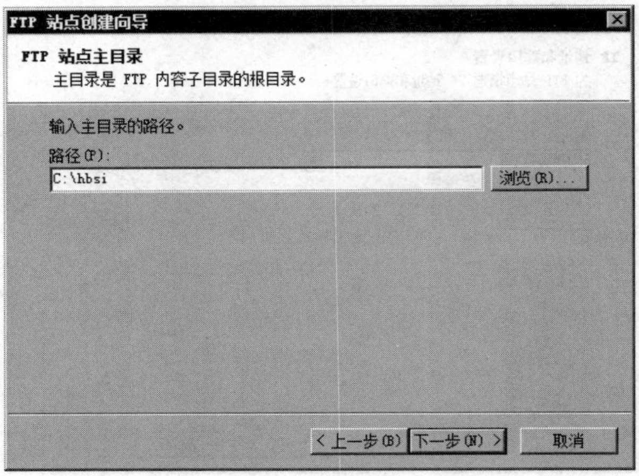

图 4.15 "FTP 站点主目录"界面

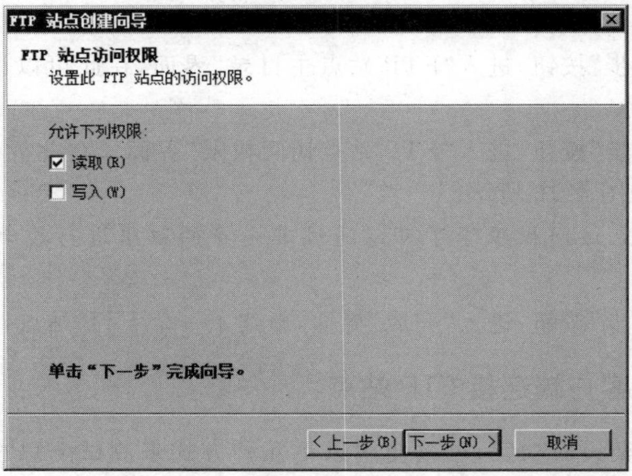

图 4.16 "FTP 站点访问权限"界面

图 4.17　新建的 FTP 站点

（1）登录 FTP 客户端，选择"开始"→"运行"，打开"运行"对话框，如图 4.18 所示。

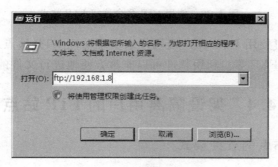

图 4.18　输入 FTP 站点的 URL

（2）可以选择 IE、360、遨游等浏览器，在浏览器的"地址"栏中输入 FTP 站点的 URL，然后按 Enter 键，就将连接到 FTP 站点，如图 4.19 所示。

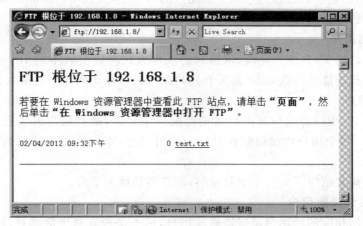

图 4.19　使用 IE 打开 FTP 站点

（3）在 DOS 命令提示符窗口中，输入命令"ftp IP 地址"，根据提示输入用户和密码后即可以登录，具体可以参见相关 DOS 命令。匿名用户名为 ftp 或 anonymous，密码为电子邮件地址或者是输入任意字符，如图 4.20 所示。

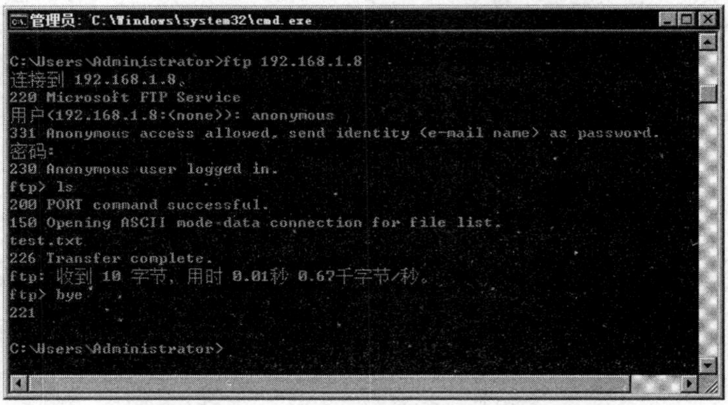

图 4.20　使用 FTP 命令连接 FTP 站点

另外,还可以通过使用 FTP 客户端软件来实现访问 FTP 站点。目前比较著名的软件有 CuteFTP、FlashFXP 等。利用软件可以非常方便地进行文件的上传和下载操作。

4.4　架设隔离用户的 FTP 站点

4.4.1　了解 FTP 站点的三种模式

FTP 用户隔离可以为大家提供上传文件的个人 FTP 目录。FTP 用户隔离通过将用户限制在自己的目录中,来防止用户查看或删除其他用户的目录。

利用 Windows Server 2008 的"FTP 用户隔离"功能,配置成"隔离用户"模式的 FTP 站点,可以使用户登录后直接进入属于该用户的目录中,且该用户不能查看或修改其他用户的目录。在创建 FTP 站点时,支持以下三种模式。

1. 不隔离用户

该模式不启用 FTP 用户隔离,该模式的工作方式与以前版本的 IIS 类似,最适合于只提供共享下载功能的站点,或不需要在用户间进行数据访问保护的站点。

2. 隔离用户

在该模式下,用户访问与其用户名相匹配的主目录,所有用户的主目录都在单一的 FTP 主目录下,每个用户均被限制在自己的主目录中,不允许用户浏览自己主目录以外的内容。

当使用该模式创建了上百个主目录时,服务器性能会下降。

3. 活动目录隔离用户

该模式根据相应的活动目录容器验证用户,而不是搜索整个活动目录。将为每个客户指定特定的 FTP 服务器实例,以确保数据的完整性及隔离性。

该模式需要在 Windows Server 2008 操作系统上安装活动目录,也可以使用 Windows 2000 或 2003 Active Directory,但是需要手动扩展 User 对象架构。

4.4.2　创建隔离用户的 FTP 站点

创建隔离用户的 FTP 站点的具体步骤如下。

1. 创建用户账号

首先,要在 FTP 站点所在的 Windows Server 2008 服务器中为 FTP 用户创建一些用户账号(如 user1、user2),以便他们使用这些账号登录 FTP 站点,如图 4.21 所示。

图 4.21　创建用户账号

2. 规划目录结构

创建了一些用户账户后,就需要开始一项重要性的操作,即规划文件夹结构,创建"用户隔离"模式的 FTP 站点,对文件夹的名称和结构有一定的要求。我们在 NTFS 分区中创建一个文件夹作为 FTP 站点的主目录(例如 ftp),然后在此文件夹下创建一个名为 localuser 的子文件夹,最后在 localuser 文件夹下创建若干个和用户账号相对应的个人文件夹(例如 user1、user2)。

另外,如果想允许用户使用匿名方式登录"用户隔离"模式的 FTP 站点,则必须在 localuser 文件夹下面创建一个名为 public 的文件夹,这样匿名用户登录以后即可进入 public 文件夹中进行读写操作,如图 4.22 所示。

FTP 站点的主目录应该指定为 driver:\ftp,而不是 Driver:\ftp\localuser。另外,FTP 站点主目录下的子文件夹名必须为 localuser,且在其下创建的用户文件夹必须跟相关的用户账号使用完全相同的名称,否则,将无法使用该账号登录。例如,用 user1 和 user2 用户分别对应 user1 和 user2 文件夹,匿名用户访问时对应的是 driver:\ftp\localuser\public 目录下的内容。

完成以上的准备工作后,即可开始创建隔离用户的 FTP 站点,具体操作步骤如下。

(1) 在"Internet 信息服务(IIS)6.0 管理器"窗口中,展开"本地计算机",右击"FTP 站点"文件夹,选择"新建"→"FTP 站点"命令。

(2) 按照"FTP 站点创建向导"依次输入"FTP 站点描述"、IP 地址、端口号等内容,具体操作步骤如前。

图 4.22　规划目录结构

　　(3) 在弹出的"FTP 用户隔离"窗口中选择"隔离用户",单击"下一步"按钮,如图 4.23 所示。

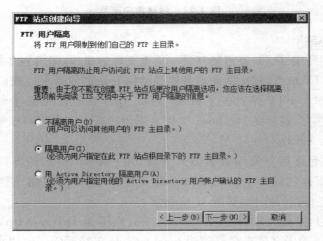

图 4.23　"FTP 用户隔离"窗口

　　(4) 弹出"FTP 站点主目录"窗口,单击"浏览"按钮,选择 c:\ftp 目录,单击"下一步"按钮,如图 4.24 所示。

　　(5) 弹出"FTP 站点访问权限"窗口,在"允许下列权限"选项区域中选择相应的权限,单击"下一步"按钮。

　　(6) 弹出"完成"窗口,单击"完成"按钮,即可完成 FTP 站点的配置。

　　(7) 测试 FTP 站点:以用户名 user1 连接 FTP 站点,在 IE 浏览器地址栏中输入 ftp://192.168.1.8,然后在图 4.25 中输入用户名和密码,连接成功后即进入主目录相应的用户文件夹 c:\ftp\localuser\user1 窗口。

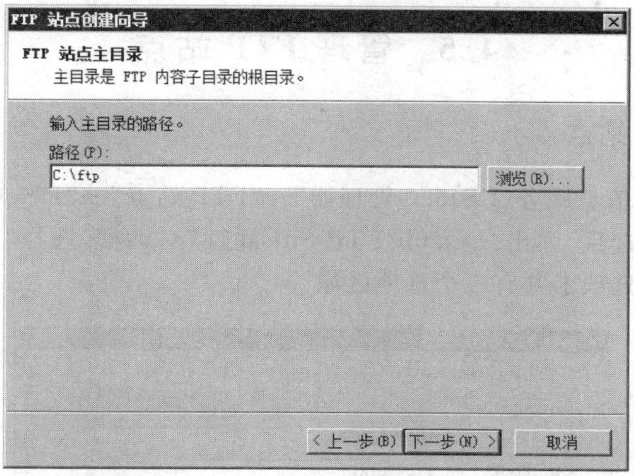

图 4.24 "FTP 站点主目录"界面

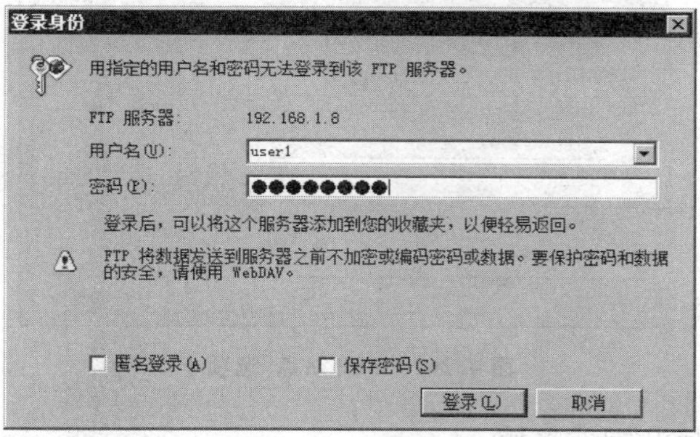

图 4.25 "登录身份"窗口

注意：在 IE8 浏览器中登录 FTP 服务器时，需要选择浏览器右侧"页面"下的"在 Windows 浏览器中打开 FTP"选项，才能在该浏览器中进行 FTP 登录、文件的上传和下载操作。

通过以上的操作，可以总结为用户的登录分为三种情况：

- 如果以匿名用户的身份登录，则登录成功以后只能在 public 目录中进行读写操作。
- 如果以某一个合法用户的身份登录，则该用户仅能在自己的目录中进行读/写操作，并且不能看到其他用户的目录和 public 目录。
- 如果没有自己的主目录的合法用户，就不能使用其账户登录 FTP 站点，只能以匿名用户的身份进行登录。

4.5　管理 FTP 站点

4.5.1　管理 FTP 站点

选择"Internet 信息服务(IIS)6.0 管理器"→"FTP 站点"→"Default FTP Site"选项, 右击并选择"属性"选项,弹出"Default FTP Site 属性"对话框,选择"FTP 站点"选项卡, 如图 4.26 所示,该选项卡共有三个选项区域。

图 4.26　"FTP 站点"选项卡

1. "FTP 站点标识"选项区域

该区域用于设置每个站点的标识信息:

* 描述:可以在文本框中输入一些文字说明,一般为用于描述该站点的名称。
* IP 地址:用于指定可以通过哪个 IP 地址才能够访问 FTP 站点。
* TCP 端口:FTP 默认的端口号是 21,可以修改此号码,但是修改后,用户要连接此站点时,必须以"IP:端口号"的方式访问站点。

2. "FTP 站点连接"选项区域

该区域用来限制最多可以同时建立多少个连接以及设置连接超时的时间。

3. "启用日志记录"选项区域

该区域用来设置将所有连接到此 FTP 站点的记录都存储到指定的文件。

如图 4.26 所示,单击"当前会话"按钮,打开"FTP 用户会话"对话框,如图 4.27 所示,在此对话框中可以查看到当前连接到该 FTP 站点的客户端、连接使用的用户和连接时间。

4.5.2　验证用户的身份

根据用户的安全需要,可以选择一种 IIS 验证方法。FTP 身份验证方法有两种,即匿

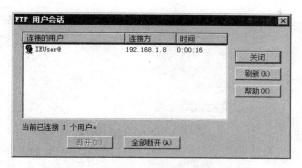

图 4.27 "FTP 用户会话"对话框

名 FTP 身份验证和基本 FTP 身份验证。

1. 匿名 FTP 身份验证

如果为资源选择了匿名 FTP 身份验证,则接受对该资源的所有请求,并且不提示用户输入用户名和密码。因为 IIS 将自动创建名为 IUSR_computername 的用户账号,其中 computername 是正在运行 IIS 服务的名称。如果启用了匿名 FTP 身份验证,则 IIS 始终先使用该验证方法,即使已经启用了基本 FTP 身份验证也是如此。

2. 基本 FTP 身份验证

要使用该身份验证与 FTP 服务器建立连接,用户必须使用与有效的用户账号对应的用户名和密码进行登录。如果 FTP 服务器不能证实用户的身份,服务器就会返回一条错误信息。基本 FTP 身份验证只提供很低的安全性能,因为它是以不加密的形式在网络上传输用户名和密码。

选择"Internet 信息服务(IIS)6.0 管理器"→"FTP 站点"→右击"Default FTP Site"选项,选择"属性"选项,弹出"Default FTP Site 属性"对话框,选择"安全账户"选项卡,如图 4.28 所示。

如果在图 4.28 中选中了"允许匿名连接"复选框,则所有的用户都必须利用匿名账号来登录 FTP 站点。反之,如果取消选中"允许匿名连接"复选框,则所有的用户都必须输入正确的用户账号和密码,不可以利用匿名方式登录。

4.5.3 管理站点消息

设置 FTP 站点时,可以向 FTP 客户端发送站点消息。该消息可以是欢迎用户登录到 FTP 站点的问候消息、用户注销时的退出消息或标题消息等。对于企业网站而言,这既是一种自我宣传的机会,也对客户端提供了更多的提示信息。

选择"Internet 信息服务(IIS)6.0 管理器"→"FTP 站点",右击"Default FTP Site"选项,选择"属性"选项,弹出"Default FTP Site 属性"对话框,选择"消息"选项卡,如图 4.29 所示。

• 横幅:当用户连接 FTP 站点时,首先会看到设置在"横幅"列表框中的文字。横幅信息在用户登录到站点前出现,可以用横幅显示一些较为醒目的信息。默认情况下,这些信息是空的。

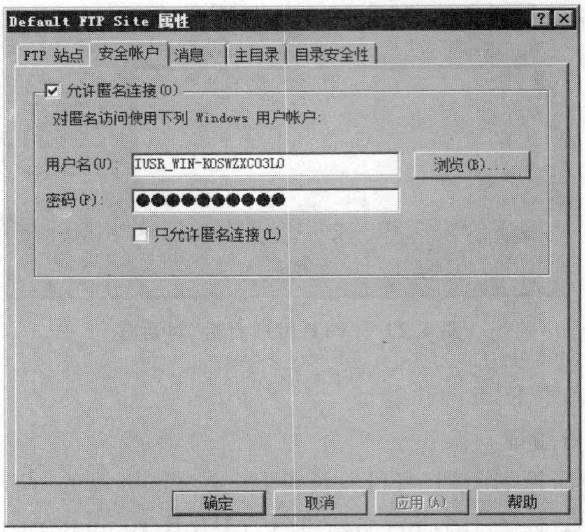

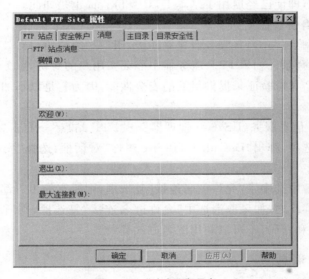

图 4.28 "安全账户"选项卡

图 4.29 "消息"选项卡

- 欢迎：当用户登录到 FTP 站点时，会看到此消息。欢迎信息通常包含下列信息，如向用户致意、使用该 FTP 站点时应当注意的问题、站点所有者或管理者的信息及联络方式、上传和下载文件的规则说明等。
- 退出：当用户注销时，会看到此信息。通常为表达欢迎用户再次光临，向用户表示感谢之类的内容。
- 最大连接数：如果 FTP 站点有连接数目的限制，而且目前连接的数目已达到此数目，当再有用户连接此 FTP 站点时，会看到此信息。

4.5.4 管理站点主目录

每个 FTP 站点都必须有自己的主目录,用户可以设定 FTP 站点的主目录。具体方法为:选择"Internet 信息服务(IIS)6.0 管理器"→"FTP 站点"→右击"Default FTP Site"选项,选择"属性"选项,弹出"Default FTP Site 属性"对话框,选择"主目录"选项卡,如图 4.30 所示。

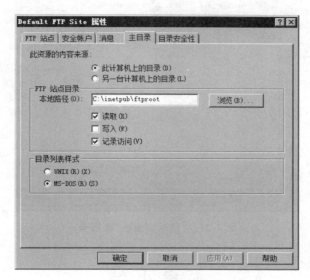

图 4.30 "主目录"选项卡

1. "此资源的内容来源"选项区域

- 此计算机上的目录:系统默认 FTP 站点的主目录位于 C:\inetpub\ftproot。
- 另一台计算机上的目录:可以将主目录指定到另外一台计算机的共享文件夹,同时需要单击"连接为"按钮设置一个有权限存取此共享文件夹的用户名和密码。

2. "FTP 站点目录"选项区域

可以选择本地路径或者网络共享,同时可以设置用户的访问权限,共有三个复选框:

- 读取:用户可以读取主目录内的文件,例如,可以下载文件。
- 写入:用户可以在主目录内添加、修改文件,例如,可以上传文件。
- 记录访问:启动日志,将连接到此 FTP 站点的操作记录到日志文件。

3. "目录列表样式"选项区域

该区域用来设置如何将主目录内的文件显示在用户的屏幕上,有两种选择:

- UNIX:以四位数格式显示年份,如果文件日期与 FTP 服务器相同,则不会返回年份。
- MS-DOS:这是默认选项,以两位数字显示年份。

4.5.5 设置目录安全性

可以配置 FTP 站点,以允许或拒绝特定计算机访问 FTP 站点。具体的操作步骤为:

选择"Internet 信息服务(IIS)6.0 管理器"→"FTP 站点",右击"Default FTP Site"选项，选择"属性"选项，弹出"Default FTP Site 属性"对话框，选择"目录安全性"选项卡，如图 4.31 所示。

图 4.31 "目录安全性"选项卡

本 章 小 结

本章结合一个企业的 FTP 服务器的架设需求，详细地讲述了 FTP 服务器和 FTP 客户端的配置过程。通过本章的学习，学生可以掌握 FTP 的架设过程，了解 FTP 的相关知识。

实 训 练 习

【实训目的】：掌握 FTP 服务器的使用。

【实训内容】：

（1）设置 IP 地址、主目录。

（2）安装 FTP 服务。

（3）配置 FTP 服务器。

【实训步骤】：

（1）准备好 FTP 目录结构。

（2）安装 FTP 角色服务。

（3）在 FTP 站点上创建虚拟目录。

（4）分别创建非隔离式、隔离式 FTP 站点。

（5）访问测试 FTP 站点。

习　　题

1. 简要描述 FTP 服务的运行机制。
2. 简要说明 FTP 的两种身份验证方法。
3. 简要说明建立不隔离用户模式的 FTP 站点的具体步骤。
4. 如何建立隔离用户模式的 FTP 站点，应该注意哪些问题？
5. 设计一个模拟公司的 FTP 站点，考虑现实的安全控制措施实施并测试验证。

第5章

架设邮件服务器

学习目标

- 了解 SMTP 和 POP3 服务。
- 理解并掌握 Exchange Server 的配置。
- 掌握邮件服务器客户端软件的使用方法。

案例情景

随着计算机网络的迅速发展,人与人之间的通信已经由纸质书信变成了电子邮件。虽然大家可以通过电话、QQ 等方式进行通信,但是电子邮件能够快速、便捷地将全面的信息传递给对方。例如,公司与客户需要针对某一产品进行沟通与探讨的时候,使用电话等通信工具不能够将产品的相关信息形象地展示给客户,这时采用电子邮件就是一种既省时又省钱的方式了。

项目需求

对于公司或企业来说,每天都有大量的事务进行沟通。为防止员工沉迷于聊天,公司内部通常不允许员工使用 QQ 等聊天工具。而使用免费的电子邮箱,也会受到诸多的限制,例如,邮箱容量、允许发送的附件大小等。因而,在公司内部的网络中搭建一台邮件服务器是非常必要的,公司内可以根据员工的需要定制邮箱的需求,也可以定制一些个性化的需求。

实施方案

在 Windows Server 2008 操作系统中利用 Exchange Server 2007 来搭建邮件服务器。Exchange Server 2007 对服务器的软硬件都有一定的要求,尤其是需要 64 位的服务器运行环境。其中,最低硬件需求如下。

(1) CPU:服务器必须配置 64 位处理器。

(2) 内存:推荐为服务器配置 2GB 或更大的内存。

(3) 硬盘大小:至少有 1.2GB 的可用磁盘空间,磁盘分区必须使用 NTFS 文件系统。

(4) 系统空间需求:系统分区至少有 200MB 的可用空间,用于存储邮件队列数据库的磁盘至少要有 500MB 的可用空间。

在本章中,使用 Exchange Server 服务的解决方案如下。

(1) 在一台服务器上安装 Windows Server 2008 X64 操作系统,并且加入域。

(2) 在 Exchange 服务器上,为域用户创建电子邮箱,并设置邮箱和邮件的大小限制。

(3) 客户端使用 Office Outlook 或者 Web 浏览器来访问邮件服务器,并收发自己的电子邮件。

5.1　认识邮件服务器

电子邮件是利用计算机和 Internet 技术进行现代信息传递和交流的重要手段之一。它具有迅速、廉价等特点,因而成为被广大用户所使用的工具之一。各种文档、软件、图像和声音等都可以通过电子邮件传递。电子邮件是目前网络中最广泛和最重要的应用之一。

现在有很多企业或学校都在局域网内架设邮件服务器,用于信息传递和工作交流。使用专业的邮件系统需要投入大量的资金,这对于一般企业或学校来说无法承受。其实,利用 Exchange Server 2007 所提供服务架设小型邮件服务器就可以满足以上需要。在企业或学校内部架设小型邮件服务器,既能充分利用现有的网络和计算机资源,节省成本费用,保障内部安全,又能发挥企业或学校的技术优势和资源优势。

5.1.1　关于邮件系统

电子邮件又称为 E-mail,是 Internet 应用最广泛的服务之一。通过电子邮件系统,可以用非常低廉的价格,快速的传递方式,与世界上任何一个网络用户进行联络。正是由于电子邮件的使用简易、传递迅速、收费低廉等特点,使得电子邮件被广泛地应用,从而改变了人们传统的交流方式。

电子邮件地址又称为电子邮箱。现在有许多网站,如网易、新浪、搜狐等都提供电子邮件服务。用户可以到这些网站上去申请一个属于自己的电子邮箱。每一个电子邮箱都对应一个账号,以便用户能够收发电子邮件。电子邮箱类似于用户或企业在邮局租用了一个信箱,只是电子邮箱以虚拟的方式存在于网络中。

电子邮件地址的通用格式是"用户名@主机域名",用户名就是用户在主机上使用的用户名称,主机域名就是使用的计算机域名,如 user1@126.com 即为一个完整的电子邮件地址。

5.1.2　邮件系统的相关协议

邮件服务器系统一般涉及到简单邮件传输协议(SMTP)、POP3 以及 IMAP 等协议,其中 POP3 服务与 SMTP 服务一起使用,POP3 为用户提供邮件下载服务,而 SMTP 则用于发送邮件以及邮件在服务器之间的传递。

1. SMTP

SMTP(Simple Mail Transfer Protocol)即简单邮件传输协议,用于电子邮件的发送。SMTP 使用的是 TCP 的 25 号端口。它是一组用于由源地址到目的地址传送电子邮件的规则。由它来控制信件的中转方式。SMTP 协议属于 TCP/IP 协议族,它帮助每台计算机在发送或中转信件时找到一个目的地。通过 SMTP 协议所指定的服务器,可以在几分钟内把 E-mail 寄到收信人的服务器上。SMTP 服务器则是遵循 SMTP 协议的发送邮件服务器,用来发送或中转用户发出的电子邮件。

2. POP

POP(Post Office Protocol)即邮局协议,用于电子邮件的接收。POP 使用的是 TCP 的 110 号端口。POP 现在常用的是第 3 版,所以简称为 POP3。它是规定怎样将个人计算机连接到 Internet 的邮件服务器和下载电子邮件的协议。POP3 允许用户从服务器上把邮件存储到本地计算机上,同时删除保存在邮件服务器上的邮件,而 POP3 服务器则是遵循 POP3 协议的接收邮件服务器,它用来接收电子邮件。

3. IMAP4

IMAP4(Internet Message Access Protocol 4)即网际消息访问协议,目前使用的是第 4 个版本。IMAP 是 POP 的替代品,它除了能够提供与 POP 相同的功能之外,还增加了对邮箱同步的支持,也就是说 IMAP 提供了如何远程维护服务器上的邮箱的功能。使用 IMAP 时,可以有选择地下载电子邮件,默认监听 TCP 的 143 号端口。

4. MIME

以前的电子邮件系统仅能处理文本,且 SMTP 传输机制是以 ASCII 字符为基础的,尤其是不能直接将二进制文件作为邮件的正文,因而限制了电子邮件的扩展应用。MIME(Multipurpose Internet Mail Extension)允许电子邮件传送语音、图像等二进制的数据,在使用 MIME 时,发送方在邮件头部信息中放置一些附加行来说明数据遵循 MIME 的方式。MIME 还允许发送方将文件分成几个部分,并对每个部分指定不同的编码方式。这样就可以在一个邮件中既发送文本又发送附件了。

5.1.3 电子邮件的收发过程

下面通过图 5.1 来说明 126 用户与 163 用户互发电子邮件的过程,其中,126 用户给 163 用户的发送过程用实心箭头表示,163 用户给 126 用户的发送邮件过程用空心箭头表示。

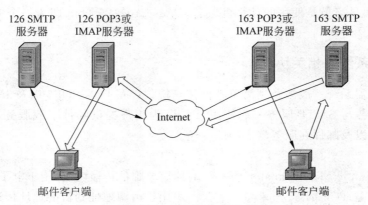

图 5.1 电子邮件收发过程

user1@126.com 用户发送邮件给 test1@163.com 用户的过程描述如下。

(1) user1@126.com 将电子邮件发送到 126 的 SMTP 服务器上。

(2) 126 SMTP 服务器将 user1@126.com 的邮件通过 Internet 进行转发。

（3）邮件经过 Internet 到达 163 POP3 或 IMAP 服务器上。

（4）客户端从 163 POP3 或 IMAP 服务器上接收邮件。

test1@163.com 用户给 user1@126.com 发送邮件的过程类似。

5.2　安装 Exchange Server 2007

5.2.1　安装 Exchange Server 2007 的准备工作

由于 Exchange Server 2007 对服务器的环境要求较高，所以在安装之前，应当做好一系列的准备工作。由于 Exchange Server 2007 有自己的 SMTP 组件，所以在 Windows Server 2008 中必须删除 SMTP 功能。在安装 Exchange Server 2007 之前，必须包括的服务器功能和角色有 Web 服务器（IIS）、应用程序服务器、.NET Framework 3.0 和 Windows PowerShell 功能，而且要求服务器必须升级为域控制器。

1. 安装必需的组件

（1）打开"开始"→"管理工具"→"服务器管理器"，单击"添加角色"按钮，将"Web 服务器（IIS）"、"应用程序服务器"等角色添加进来，如图 5.2 所示。

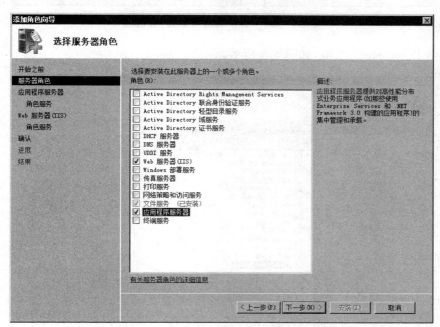

图 5.2　添加服务器角色

（2）依次单击"下一步"按钮，在为"应用程序服务器"选择组件时，选中"Web 服务器（IIS）"复选框。在选择为 Web 服务器（IIS）安装的角色服务时，选中如图 5.3 所示的复选框。

（3）继续单击"下一步"按钮，最后单击"完成"按钮，完成安装。

（4）展开"服务器管理器"窗口下的"功能"选项，单击"添加功能"向导，选择安装

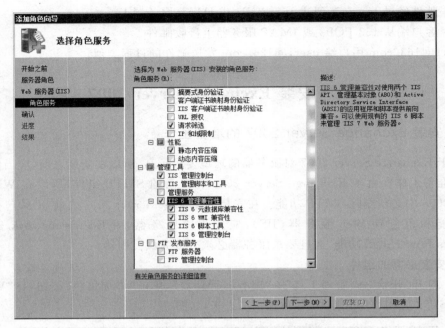

图 5.3 选中"IIS6 管理兼容性"复选框

"Windows PowerShell"功能,如图 5.4 所示。

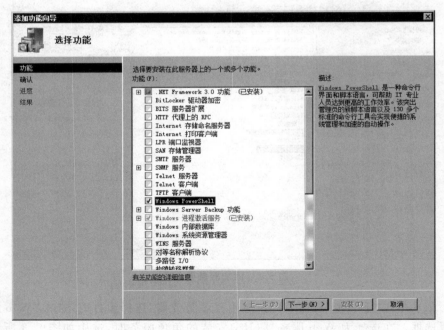

图 5.4 安装"Windows PowerShell"功能

2. 将计算机升级为域

将 Windows Server 2008 系统升级为域控制器时,需要先安装 Active Directory 域服

务,再运行 dcpromo 命令启动"Active Directory 安装向导"安装活动目录。

在安装 Active Directory 服务器之前,要求 Windows Server 2008 系统所在的分区必须采用 NTFS 文件系统,同时要求正确安装网卡驱动程序,安装和启动 TCP/IP 协议,并记录计算机的相关参数,如计算机名和 IP 地址等。

打开"服务器管理器"下的"添加角色"链接,就可以安装"Active Directory 域服务"了,如图 5.5 所示。

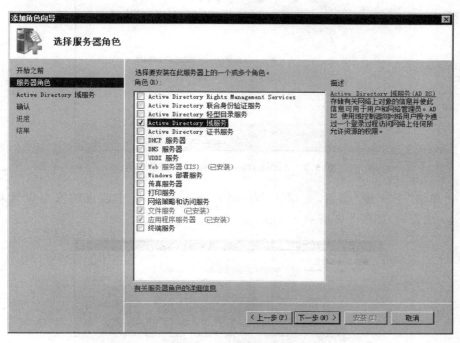

图 5.5　安装"Active Directory 域服务"

下面,具体说明将计算机升级为域控制器的过程,具体操作步骤如下。

(1) 打开"开始"→"运行",在"运行"文本框中输入"dcpromo.exe"命令,如图 5.6 所示,就开启了 Active Directory 域服务安装向导,如图 5.7 所示。

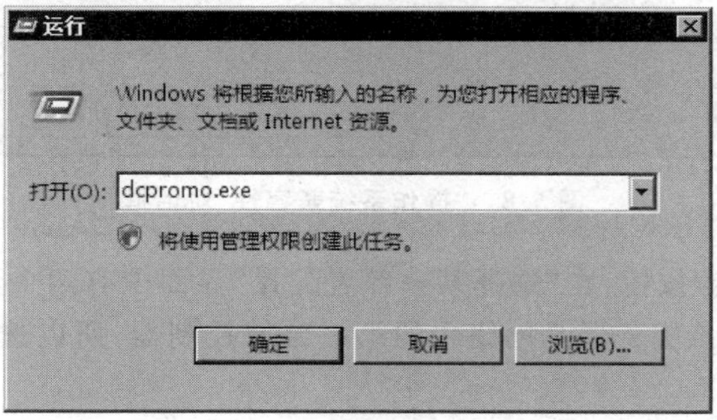

图 5.6　运行 dcpromo.exe 命令

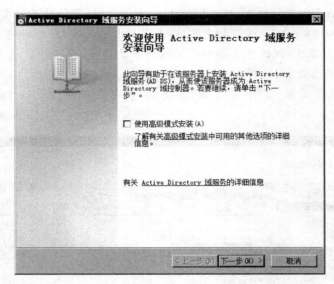

图 5.7   Active Directory 域服务安装向导

（2）单击"下一步"按钮，介绍了 Windows Server 2008 中改进的安全设置对旧版 Windows 的影响，如图 5.8 所示。

图 5.8   "操作系统兼容性"对话框

（3）单击"下一步"按钮，在"选择某一部署配置"界面中有两个选项："现有林"和"在新林中新建域"，由于该服务器是网络中的第一台域控制器，所以选择"在新林中新建域"选项，如图 5.9 所示。

（4）单击"下一步"按钮，在"目录林根级域的 FQDN"文本框中输入 DNS 域名，如图 5.10 所示。例如，在此输入 net.com。

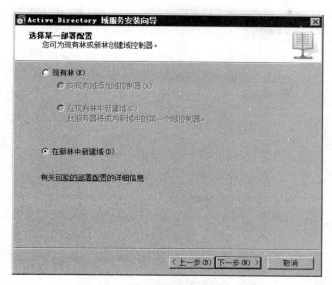

图 5.9　"选择某一部署配置"对话框

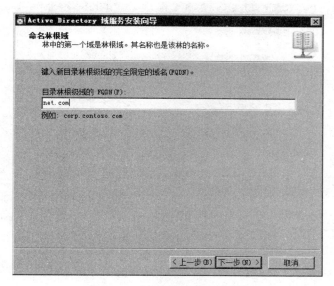

图 5.10　"命名林根域"对话框

（5）单击"下一步"按钮，开始检查该域名及 NetBIOS 名是否已在网络中使用，若没有冲突，会出现如图 5.11 所示的界面。在该界面中可以选择林功能级别，包括 3 种模式：Windows 2000、Windows Server 2003 和 Windows Server 2008，应该根据网络中存在的最低版本的域控制器来选择。

（6）单击"下一步"按钮，在该界面中需要在"域功能级别"下拉列表中选择相应的域功能级别，如图 5.12 所示。同时，也要根据网络中存在的最低 Windows Server 版本来选择。

（7）单击"下一步"按钮，开始检查 DNS 配置，默认选中"DNS 服务器"和"全局编录"

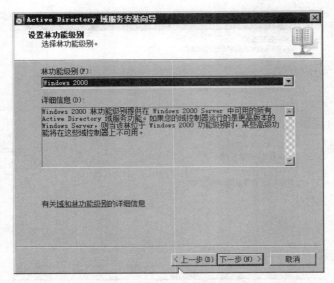

图 5.11　"设置林功能级别"对话框

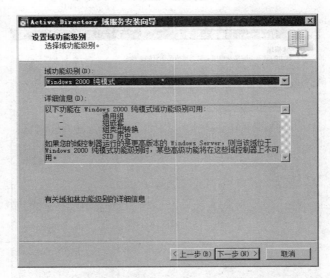

图 5.12　"设置域功能级别"对话框

复选框,将 DNS 服务安装在该域控制器上,并且域中的第一个域控制器必须是全局编录服务器,如图 5.13 所示。

(8) 如果该服务器启用了 IPv6 协议但没有分配地址,那么就会出现如图 5.14 所示的对话框,提示此计算机具有动态 IP 地址。这里建议禁用 IPv6 协议。

(9) 单击"否"按钮,显示如图 5.15 所示的警告框,提示没有找到父域,无法创建 DNS 服务器委派。

(10) 单击"是"按钮,在弹出的如图 5.16 所示的对话框中,可以修改数据库文件夹、日志文件文件夹和 SYSVOL 文件夹的存放位置。

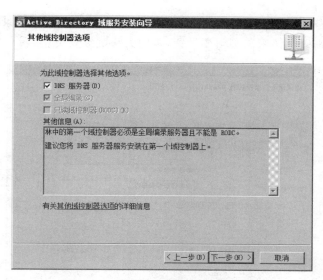

图 5.13　"其他域控制器选项"对话框

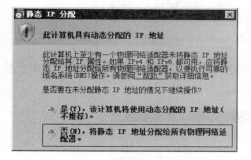

图 5.14　"静态 IP 分配"对话框

图 5.15　警告框

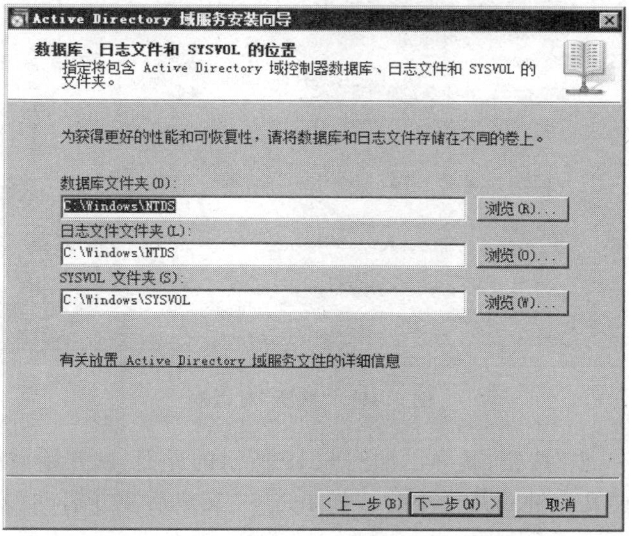

图 5.16　修改数据库、日志文件和 SYSVOL 的位置

（11）单击"下一步"按钮，在如图 5.17 所示的对话框中指定目录服务还原模式的 Administrator 的密码。该密码必须要设置，否则无法继续安装。

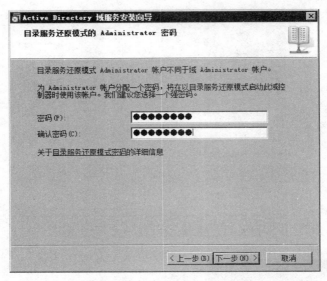

图 5.17　目录服务还原模式的 Administrator 密码

（12）单击"下一步"按钮，弹出了"摘要"对话框。将前面所选择的配置信息列了出来，如果需要修改，可单击"上一步"按钮返回修改，如图 5.18 所示。

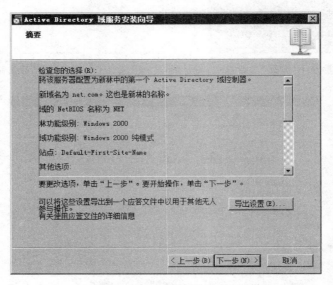

图 5.18　"摘要"对话框

（13）单击"下一步"按钮，就弹出如图 5.19 所示的界面，就开始域控制器的安装过程了，此过程可能需要几分钟到几个小时。如果选中"完成后重新启动"复选框，安装完成后系统会重新启动。

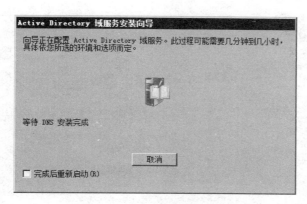

图 5.19　正在安装活动目录

在操作系统重新启动后,再登录计算机就变成域的工作模式了。

5.2.2　安装 Exchange Server 2007 SP1

在所有必需的组件安装完成以后,就可以进行 Exchange Server 2007 的安装了,具体操作步骤如下。

(1) 将 Exchange Server 2007 SP1 光盘放入光驱,安装程序会自动运行,或者是运行安装包的 setup.exe 文件,会出现如图 5.20 所示的界面。

图 5.20　Exchange Server 2007 SP1 安装运行界面

(2) 在此界面中,前 3 个步骤已经安装,直接单击"步骤 4",会弹出"简介"对话框,对 Microsoft Exchange Server 2007 进行了一个简单的介绍,如图 5.21 所示。

(3) 单击"下一步"按钮,弹出如图 5.22 所示的"许可协议"界面,选择"我接受许可协议中的条款"选项,才能继续安装。

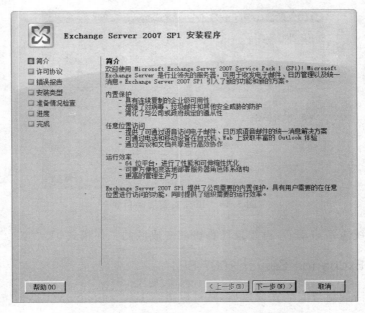

图 5.21　Exchange Server 2007 SP1 简介界面

图 5.22　"许可协议"对话框

　　（4）单击"下一步"按钮，弹出如图 5.23 所示的"错误报告"界面，选择"否"选项，就不会向服务器发送错误报告了。

　　（5）单击"下一步"按钮，出现如图 5.24 所示的"安装类型"界面，包括"典型安装"和"自定义安装"两种方式。

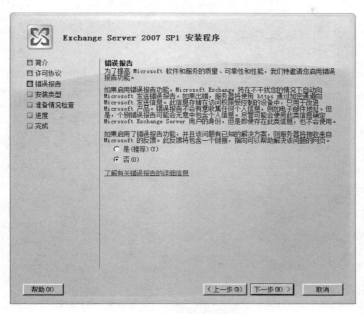

图 5.23　"错误报告"对话框

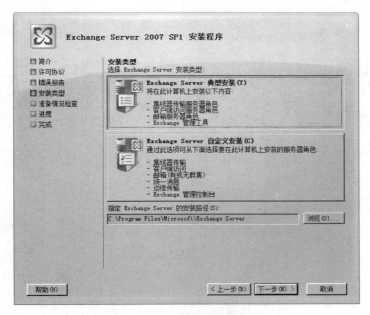

图 5.24　"安装类型"对话框

（6）单击"下一步"按钮，弹出如图 5.25 所示的对话框，在该界面文本框中输入 Exchange 组织的名称。

（7）单击"下一步"按钮，出现如图 5.26 所示的"客户端设置"对话框，如果组织中存在任何正在运行的 Outlook 2003 以及更早版本或 Entourage，可以选择"是"选项。

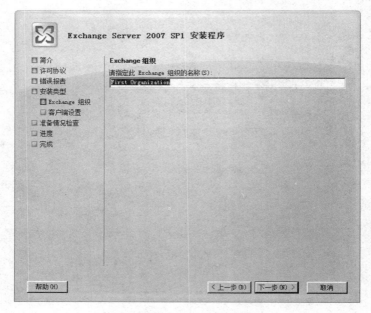

图 5.25 "Exchange 组织"对话框

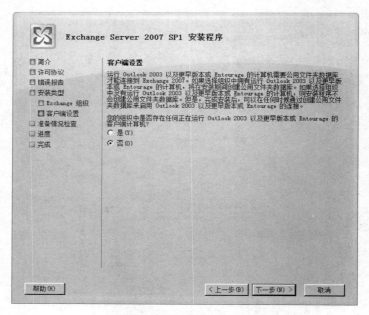

图 5.26 "客户端设置"对话框

（8）单击"下一步"按钮，出现如图 5.27 所示的"准备情况检查"界面，安装程序会对系统和服务器进行检查，只有检查成功后，才能进行安装。

（9）单击"安装"按钮后，就开始安装 Exchange 了，完成后，会出现"完成"对话框，如图 5.28 所示。

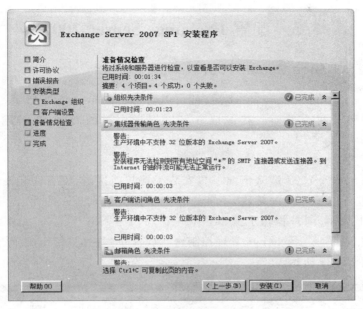

图 5.27　"准备情况检查"对话框

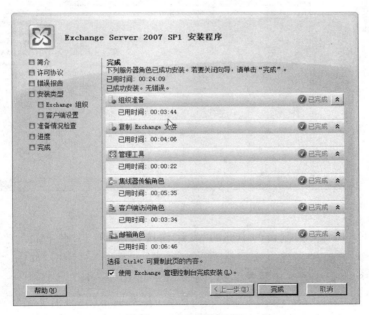

图 5.28　"完成"对话框

安装完成后,系统会提示需要重新启动计算机才能生效。

5.3　配置 Exchange Server 2007

5.3.1　配置 Exchange Server 2007

在安装完 Exchange Server 2007 后，就可以对 Exchange 进行配置了，主要包括组织配置和服务器配置两个方面。其他地方可以根据用户的需要，自行配置，这里不再详述。

1. 组织配置

Exchange Server 2007 默认情况下只安装了接收连接器，没有安装发送连接器。也就是说，只能进行电子邮件的接收，不能进行电子邮件的发送。因而，需要在 Exchange 下先安装发送连接器，具体操作步骤如下。

（1）打开"开始"→"Exchange 管理控制台"，展开左侧栏的"组织配置"，打开"集线器传输"选项，如图 5.29 所示。

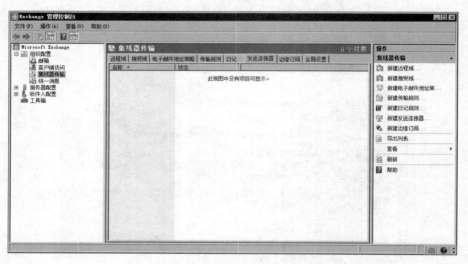

图 5.29　"集线器传输"界面

（2）选择 Exchange 控制台的中部的"发送连接器"选项卡，在下面的空白处右击，在弹出的快捷菜单中选择"新建发送连接器"命令，进入"简介"对话框，如图 5.30 所示。在"名称"文本框中输入发送连接器的名称，例如"net smtp server"。

（3）单击"下一步"按钮，出现如图 5.31 所示的"地址空间"对话框。

（4）单击"添加"按钮，弹出如图 5.32 所示的"SMTP 地址空间"对话框，在"地址"文本框中输入"＊"，表示所有的地址，单击"确定"按钮。

（5）单击"下一步"按钮进入"网络设置"对话框，在此选择默认的"使用域名系统（DNS）记录自动路由邮件"即可，如图 5.33 所示。

（6）单击"下一步"按钮，弹出"源服务器"对话框，系统会自动监测出服务器，如图 5.34 所示。

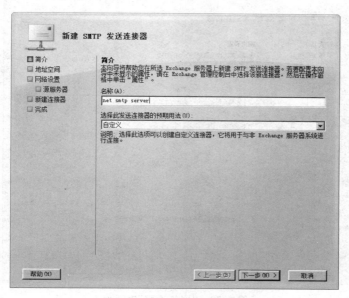

图 5.30　"简介"对话框

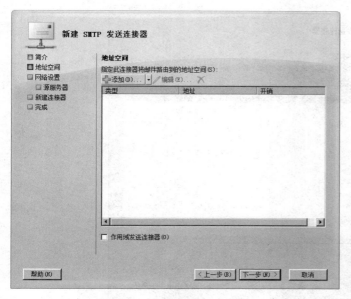

图 5.31　"地址空间"对话框

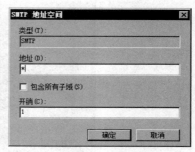

图 5.32　"SMTP 地址空间"对话框

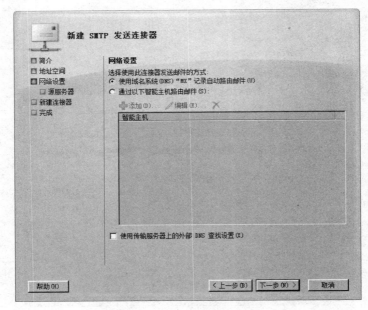

图 5.33 "网络设置"对话框

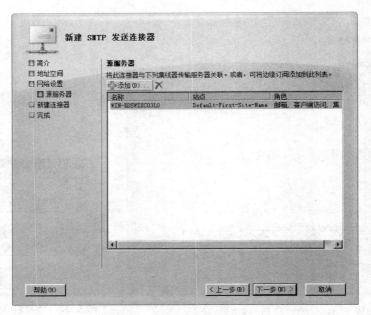

图 5.34 "源服务器"对话框

（7）单击"下一步"按钮，进入"新建连接器"对话框，如图 5.35 所示。

（8）单击"新建"按钮，开始发送连接器的创建，如图 5.36 所示，表示发送连接器已经创建成功了，用户就可以发送邮件了。

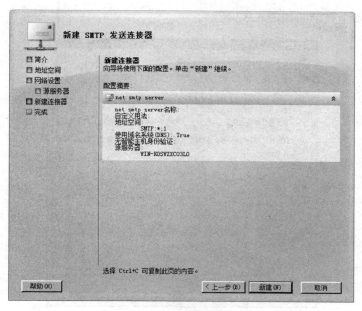

图 5.35　"新建连接器"对话框

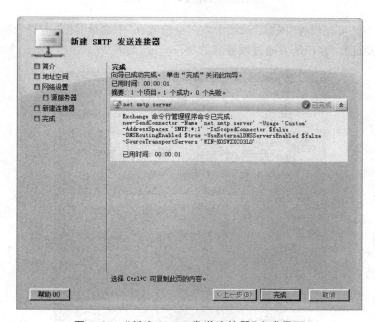

图 5.36　"新建 SMTP 发送连接器"完成界面

2. 服务器配置

服务器配置包括客户端访问和集线器传输两部分，具体设置如下。

（1）客户端访问：打开"Exchange 管理控制台"→"服务器配置"→"客户端访问"，在控制台的中下部选择"POP3 和 IMAP4"选项卡，右击"IMAP4"选项卡，在弹出的快捷菜单中选择"属性"命令，在弹出的"IMAP4 属性"对话框中选择"身份验证"选项卡，在"登录方法"中选择"安全登录",如图 5.37 所示。

图 5.37　IMAP4"身份验证"

用同样的方法可以设置"POP3"选项卡,在"身份验证"中选择"纯文本身份验证登录(集成 Windows 身份验证)。客户端要通过服务器的身份验证,无需 TLS 连接"选项,如图 5.38 所示。

图 5.38　POP3"身份验证"

(2) 集线器传输:打开"Exchange 管理控制台"→"服务器配置"→"集线器传输",在控制台的中下部右击接收连接器"Client koswzxc03L0",在弹出的快捷菜单中选择"属性"命令,在如图 5.39 所示的窗口中选择"身份验证"选项卡,在默认设置上选中

"Exchange Server 身份验证"复选框。再选择"权限组"选项卡,在默认设置上选择"Exchange 用户"复选框,如图 5.40 所示。

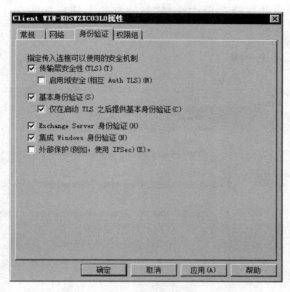

图 5.39 "身份验证"选项卡

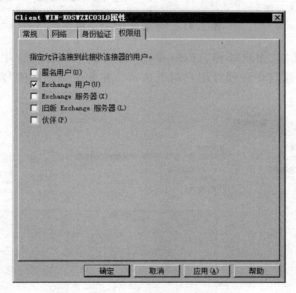

图 5.40 "权限组"选项卡

用同样的方设置接收连接器"Default koswzxc03L0"在"权限组"选项卡上选择"匿名用户"复选框,其他的设置按照默认值即可。

5.3.2 创建电子邮箱

在配置好 Exchange Server 2007 后,还需要为用户建立电子邮箱,具体操作步骤如下。

(1) 打开"Exchange 管理控制台",依次展开左侧栏的"收件人配置"下的"邮箱"选项,右击"邮箱",在弹出的快捷菜单中选择"新建邮箱",弹出如图 5.41 所示的对话框。

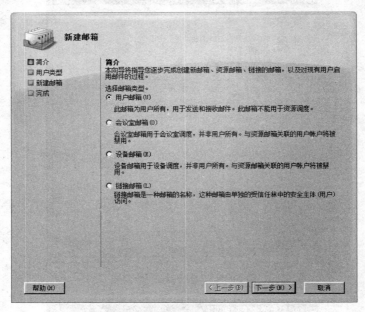

图 5.41 "邮箱简介"对话框

(2) 根据需要选择"用户邮箱"选项,单击"下一步"按钮进入"用户类型"对话框,如图 5.42 所示。有新建用户和现有用户两个选项。在此使用默认值"新建用户"选项。

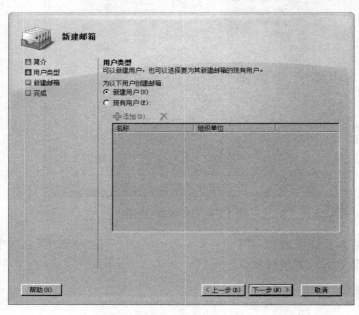

图 5.42 "用户类型"对话框

（3）单击"下一步"按钮，弹出"用户信息"对话框，输入用户的相关信息，如图 5.43 所示。

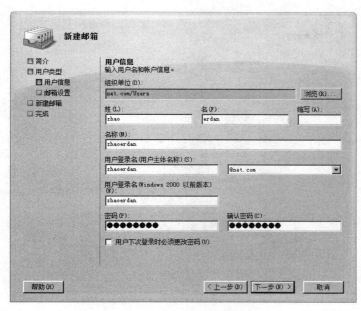

图 5.43　"用户信息"对话框

（4）单击"下一步"按钮，弹出"邮箱设置"对话框。在此界面需要选择该用户对应的"邮箱数据库"，如图 5.44 所示。

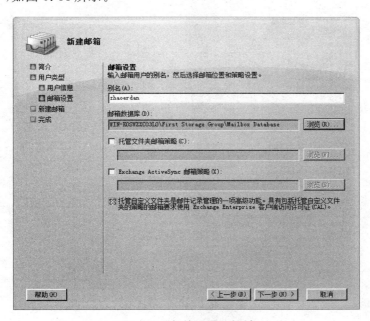

图 5.44　"邮箱设置"对话框

（5）单击"下一步"按钮，弹出如图 5.45 所示的"新建邮箱"界面，在此界面中列出新建邮箱的账户的相关信息。

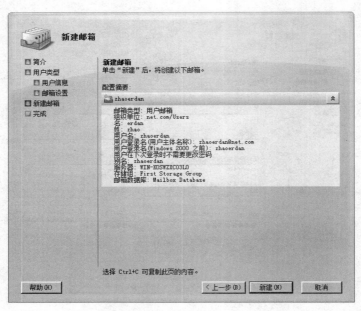

图 5.45 "新建邮箱"对话框

（6）单击"新建"按钮，开始创建电子邮箱，创建完成后会弹出如图 5.46 所示的界面。

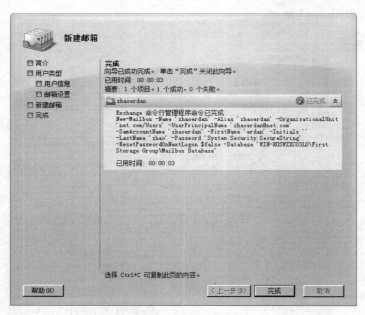

图 5.46 "完成"对话框

5.3.3 用户电子邮箱限制

在 Internet 中使用邮件时,通常都会限制用户使用的邮箱容量。同样道理,在 Exchange Server 2007 中,通常也会对用户使用邮箱的容量进行限制,以免造成磁盘硬盘空间的浪费,也可以单独设置用户所能发送的邮件大小,以免占用过多的网络带宽。

1. 邮箱容量限制

具体操作步骤如下。

(1) 打开"Exchange 管理控制台",依次展开左侧栏的"服务器配置"下的"邮箱"选项,在"数据库管理"选项卡中展开"First Storage Group",找到"Mailbox Database"选项,如图 5.47 所示。

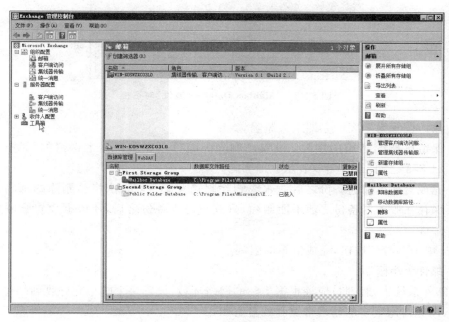

图 5.47 "邮箱"窗口

(2) 右击"Mailbox Database",在弹出的快捷菜单中选择"属性"命令,打开"Mailbox Database 属性"对话框,选择"限制"选项卡,如图 5.48 所示。在该对话框中可以设置用户的邮箱大小。

具体含义如下:

- 达到该限度时发出警告:当用户的邮箱容量达到此值时,会对用户发出警告邮件,此时用户还可以收发邮件。
- 达到该限制时禁止发送:当用户的邮箱容量达到此值时,将禁止发送邮件,但可以接收邮件。
- 达到该限度时禁止发送和接收:当用户的邮箱容量达到此值后,不能收发邮件。
- 保留已删除项目的期限:设置已删除的邮箱在服务器上保存多少天后再永久删

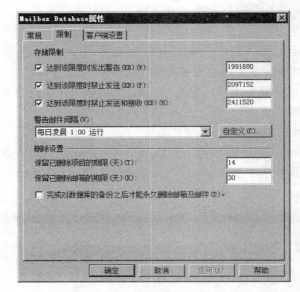

图 5.48　"Mailbox Database 属性"对话框

除。设置为 0 表示立即永久删除。

- 保留已删除邮箱的期限：设置已删除邮箱可以在服务器上保留的天数，在 0～24 855 之间，设置为 0 表示立即删除。
- 完成对数据库的备份之后才永久删除邮箱及邮件：表示将已删除的邮箱和邮件保存在服务器备份之前不能删除，只有在完成备份之后，才根据设置删除邮箱和邮件。

（3）单击"确定"按钮，完成信箱的限制。

2. 邮件大小限制

在邮件系统中，管理员应该根据实际的网络环境，设置每个邮箱允许收到的单个邮件的大小，以免占用更多的网络带宽和磁盘空间。

传输设置如下。

（1）打开"Exchange 管理控制台"，依次展开左侧栏的"组织配置"下的"集线器传输"选项，选择"全局设置"选项卡，如图 5.49 所示。

（2）右击"传输设置"，在弹出的快捷菜单中选择"属性"命令，在如图 5.50 所示对话框中就可以对接收和发送邮件的大小进行设置。

- 最大接收大小：设置用户接收邮件的大小，默认为 10 240KB，即 10MB。
- 最大发送大小：设置用户发送邮件的大小，默认为 10 240KB
- 最大收件人数：设置接收邮件的人数，默认为 5000 个。

（3）单击"确定"按钮，设置完成。

限制发送单个邮件大小的设置如下。

打开"Exchange 管理控制台"，依次展开左侧栏的"组织配置"下的"集线器传输"选项，选择"发送连接器"选项卡，右击"net smtp server"连接器，在弹出的快捷菜单中选择

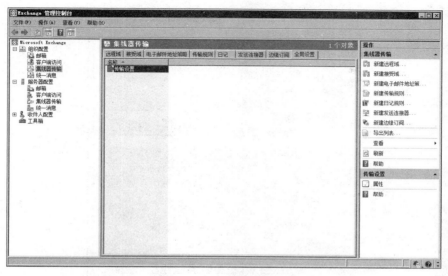

图 5.49 "全局设置"选项卡

图 5.50 "传输设置属性"对话框

"属性"命令,弹出如图 5.51 所示对话框。在"常规"选项卡中,选中"最大邮件大小为"复选框,在后面的文本框内输入邮件大小的值,默认为 10 240KB。

限制接收单个邮件大小的设置如下。

在中心传输服务器完成安装后,系统会自动创建两个接收连接器:Client Server 和 Default Server。Client Server 连接器主要用来接收使用 POP3 和 IMAP4 的客户端应用程序提交的电子邮件。Default Server 连接器主要用来接收来自边缘传输服务器的连接,以接收来自 Internet 和其他中心传输服务器的邮件。

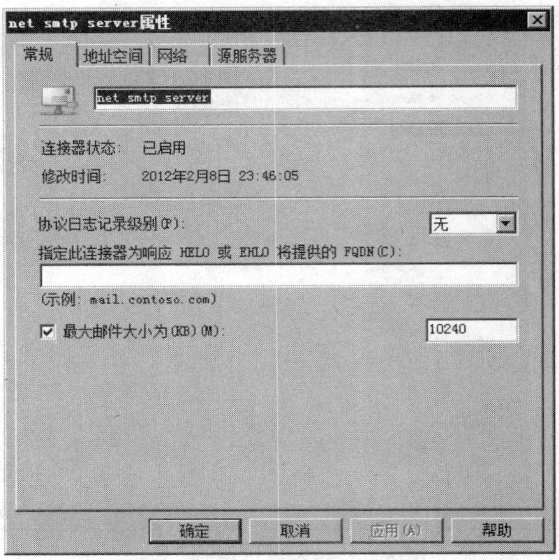

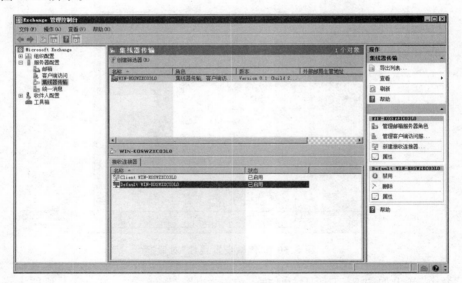

图 5.51　发送连接器属性窗口

　　打开"Exchange 管理控制台",依次展开左侧栏的"服务器配置"下的"集线器传输"选项,如图 5.52 所示。

图 5.52　"集线器传输"窗口

　　右击"Default WIN-KOSWZXC03L0",在弹出的快捷菜单中选择"属性"命令,如图 5.53 所示,在"最大邮件大小为"的文本框中就可以设置邮件的大小,默认值为 10 240KB。

　　单击"确定"按钮,完成设置。

　　Client Server 的设置方法同上,在此不再详述。

图 5.53　"Default Server"属性窗口

5.4　使用邮件客户端

目前,用于收发电子邮件的软件很多,为用户所熟知的有微软公司的 Outlook、Foxmail 等软件,Exchange Server 2007 的客户端可以使用微软公司的邮件收发系统 Outlook 或 OWA(Outlook Web Access),本节介绍如何通过 Outlook 和 OWA 方式实现 Exchange 的收发邮件功能。

5.4.1　配置 Outlook 2007

在实际使用中,Exchange Server 2007 通常与 Outlook 配合使用。同时,又可以将 Exchange、Outlook 与 Active Directory 结合使用,所以客户端都应该加入到域中,同时应该安装好 Outlook 软件。

Office Outlook 2007 的功能较 Outlook 2003 有了很大的改进。它可以提供全面的时间和信息管理功能。还可以利用"即时搜索"和"待办事项栏"等新功能组织和随时查找所需信息。通过新增的日历共享功能、Exchange Server 2007 技术以及经过改进的 Windows SharePoint Service 3.0 信息访问功能,用户可以与同事、朋友和家人,安全地共享存储在 Office Outlook 2007 中的数据。具体的操作步骤如下。

(1) 在客户端中安装 Office Outlook 2007 软件。

(2) 在第一次运行 Office Outlook 2007 时,将显示如图 5.54 的"Outlook 2007 启动"界面,单击"下一步"按钮,将显示如图 5.55 的"电子邮件账户"对话框,选择"是"单选框。

(3) 单击"下一步"按钮,如图 5.56 所示,弹出"选择电子邮件服务"对话框,选择"Microsoft Exchange、POP3、IMAP 或 HTTP"选项。

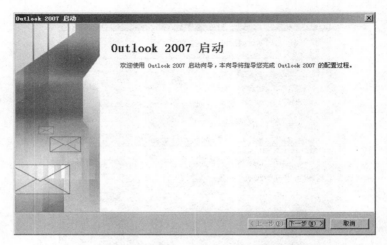

图 5.54   Outlook 2007 启动界面

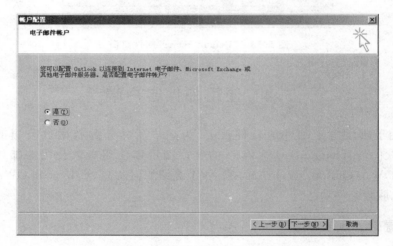

图 5.55   "电子邮件账户"对话框

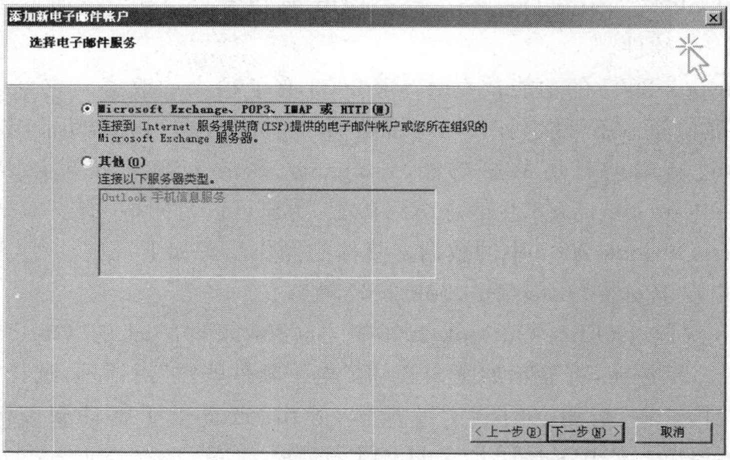

图 5.56   选择"Microsoft Exchange、POP3、IMAP 或 HTTP"选项

（4）单击"下一步"按钮，如图 5.57 所示，弹出"自动账户设置"对话框，Outlook 2007
会根据当前登录用户，自动填写"您的姓名"和"电子邮件地址"文本框的信息。如果要设
置其他的电子邮件地址，需要选中"手动配置服务器设置或其他服务器类型"复选框，进行
修改。

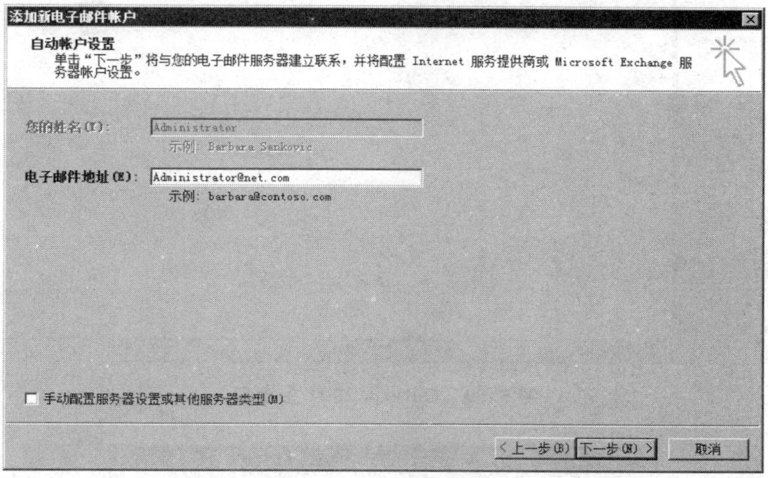

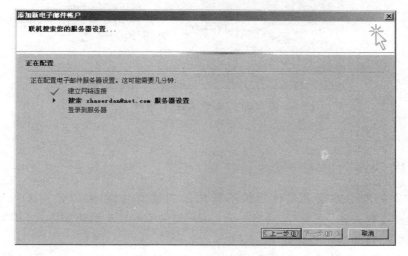

图 5.57　"自动账户设置"对话框

（5）单击"下一步"按钮，开始进行应用程序到服务器的连接，如图 5.58 所示。

图 5.58　"正在配置"对话框

（6）单击"完成"按钮，就完成了配置向导，同时会启动 Outlook 2007，如图 5.59 所示。

如果已经配置过 Outlook 2007，但是没有将其配置为 Exchange Server 的客户端时，
也可以对其进行修改。其方法是，打开"控制面板"切换到经典视图，双击"邮件"选项。单
击"电子邮件账户"按钮，如图 5.60 所示。

在"电子邮件"选项卡中就可以设置当前邮箱，单击"新建"按钮就可以添加新用户了，

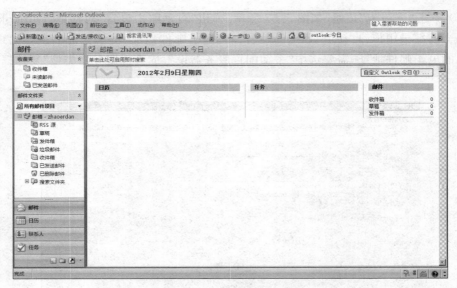

图 5.59　Outlook 2007 主窗口

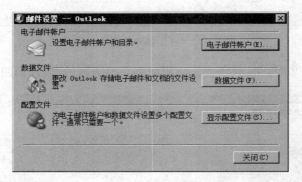

图 5.60　"邮件设置"对话框

如图 5.61 所示。

5.4.2　使用 OWA

当用户在外地出差或者是计算机不能加入到域的时候，可以使用 OWA（Outlook Web Access）这种方式。Exchange Server 2007 提供了 OWA 的访问方式，其功能与使用 Outlook 相似。具体操作步骤如下。

（1）在 IE 浏览器的地址栏中输入"https://IP 地址"或"Exchange 服务器名/owa"，例如，https:// WIN-KOSWZXC03L0. net. com/owa，会出现如图 5.62 所示的界面。

（2）单击"继续浏览此网站（不推荐）"选项，会出现如图 5.63 所示的界面，在此界面中需要输入域用户名及密码就可以登录了。

（3）输入用户名和密码后，单击"登录"按钮，第一次登录需要设置语言和时区等选项。单击"确定"按钮，就可以以 OWA 方式登录邮箱了，具体界面如图 5.64 所示。

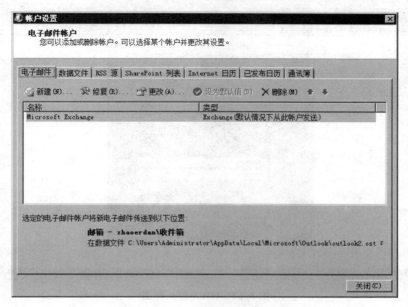

图 5.61 "账户设置"对话框

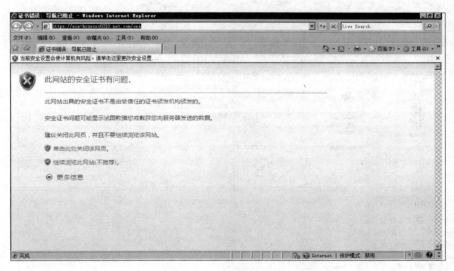

图 5.62 OWA 网站

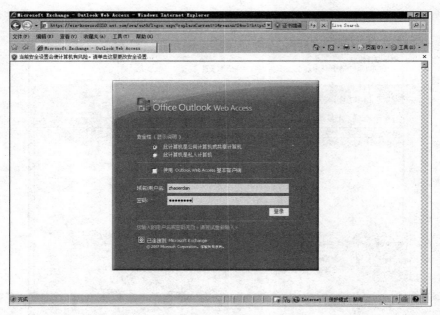

图 5.63　OWA 登录界面

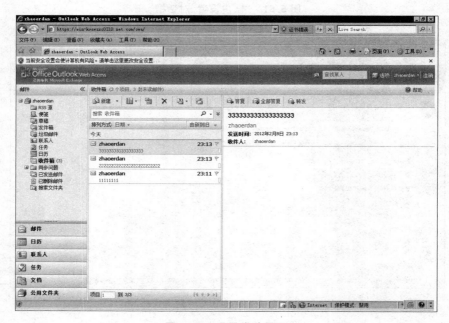

图 5.64　登录成功界面

本 章 小 结

　　本章结合一个企业的邮件服务器的架设需求,详细地讲述了邮件服务器和客户端的配置过程。通过本章的学习,学生可以掌握邮件服务器的架设过程。

实 训 练 习

【**实训目的**】：掌握邮件服务器的使用。

【**实训内容**】：

（1）将计算机升级为域控制器。

（2）安装 Exchange Server 2007 SP1。

（3）配置 Exchange Server 2007。

（4）实现电子邮件的收发。

【**实训步骤**】：

（1）将 Windows Server 2008 服务器加入到域。

（2）在 Windows Server 2008 中安装 Exchange Server 2007 SP1。

（3）部署"集线器传输"。创建发送连接器。

（4）创建用户邮箱。

（5）限制用户邮箱和邮件的大小。

（6）分别使用 Outlook 和 OWA 方式访问用户邮箱。

习　　题

1．电子邮件系统一般由哪几部分组成？

2．如何在 Exchange Server 2007 下配置邮件服务器？

3．配置 Outlook Express，并测试如何接收和发送电子邮件。

4．使用 OWA 方式进行电子邮件的收发操作。

第二部分

Linux 服务器的配置与管理

第6章

搭建 DHCP 服务器

学习目标

- 了解什么是 DHCP。
- 理解 DHCP 的工作原理。
- 掌握 DHCP 服务的安装。
- 掌握 DHCP 服务器的配置方法。
- 掌握 DHCP 客户端的配置方法。
- 掌握 DHCP 的测试方法。
- 理解 DHCP 中继代理的配置。

案例情景

随着计算机网络主机数量的迅速增多,单纯地依靠人工设置 IP 地址已经成了一项非常烦琐而费时的事情。于是就出现了自动配置 IP 地址的方法,这就是 DHCP。在会议室、展示厅等区域,大多数人都使用笔记本电脑通过无线上网,手动分配 IP 地址肯定不太方便。DHCP 服务器能够为网络中的主机自动分配 IP 地址,从而达到简化工作量的目的。

项目需求

某公司原来的局域网规模很小,以手动的方式配置 IP 地址。随着公司计算机数量的增多,管理员在工作当中存在以下问题:手工为客户端配置 IP 地址,工作量大,经常出现 IP 地址冲突。如果网络中的计算机数量较多,并且位于不同部门时,最好创建多个作用域,以实现为不同的部门提供 IP 地址。

实施方案

使用 DHCP 服务器动态处理工作站的 IP 地址配置,实现 IP 地址的集中式管理,从而基本上不需要网络管理员的人为干预,节省工作量和宝贵的时间。主要步骤如下。

(1)为 DHCP 服务器指定 IP 地址。

(2)安装 DHCP 服务。

(3)配置 DHCP 服务器。根据企业的需求,配置 DHCP 服务器。对于为特殊用途计算机配置的 IP 地址,应该对其进行主机声明,不再分配给网络中的其他计算机。

(4)管理 DHCP 服务器。

(5)对于台式机较多的网络中,应将租用时间设置得相对较长一些,以减少网络广播。对于笔记本较多的网络中,应将租用时间设置得相对短一些,以便于提高 IP 地址的使用效率。

6.1 认识 DHCP

在 TCP/IP 网络上,每个工作站在要存取网络上的资源之前,都必须进行基本的网络配置,主要的参数有 IP 地址、子网掩码、默认网关和 DNS 等。配置这些参数有两种方法:静态手工配置和从 DHCP 服务器上动态获得。

手工配置是曾经使用的方法,在一些情况下,手工配置地址更加可靠,但是这种方法相当费时而且容易出错或丢失信息。

使用 DHCP 服务器动态处理工作站的 IP 地址配置,实现了 IP 地址的集中式管理,从而基本上不需要网络管理员的人为干预,节省工作量和宝贵的时间。

6.1.1 DHCP 的概念

DHCP 服务是典型的基于网络的客户端/服务器模式应用,其实现必须包括 DHCP 服务器和 DHCP 客户端以及正常的网络环境。

DHCP 的全称为动态主机配置协议(Dynamic Host Configuration Protocol),是一个用于简化对主机的 IP 配置信息进行管理的 IP 标准服务。该服务使用 DHCP 服务器为网络中那些启用了 DHCP 功能的客户端动态分配 IP 地址及相关配置信息。

DHCP 负责管理两种数据:租用地址(已经分配的 IP 地址)和地址池中的地址(可用的 IP 地址)。

下面介绍几个相关的概念。

- DHCP 客户端:是指一台通过 DHCP 服务器来获得网络配置参数的主机。
- DHCP 服务器:是指提供网络配置参数给 DHCP 客户的主机。
- 租用:是指 DHCP 客户端从 DHCP 服务器上获得并临时占用该 IP 地址的过程。

6.1.2 DHCP 的工作过程

1. DHCP 客户首次获得 IP 租用

DHCP 客户首次获得 IP 租用,需要经过 4 个阶段与 DHCP 服务器建立联系,如图 6.1 所示。

(1) IP 租用请求:DHCP 客户端启动计算机后,会广播一个 DHCPDISCOVER 数据包,向网络上的任意一台 DHCP 服务器请求提供 IP 租用。

(2) IP 租用提供:网络上所有的 DHCP 服务器均会收到此数据包,每台 DHCP 服务器给 DHCP 客户回应一个 DHCPOFFER 广播包,提供一个 IP 地址。

(3) IP 租用选择:客户端从多个 DHCP 服务器接收到提供后,会选择第一个收到的 DHCPOFFER 数据包,并向网络中广播一个 DHCPREQUEST 数据包,表明自己已经接受了一个 DHCP 服务器提供的 IP 地址。该广播包中包含所接受的 IP 地址和服务器的 IP 地址。

(4) IP 租用确认:DHCP 服务器给客户端返回一个 DHCPACK 数据包,表明已经接受客户端的选择,并将这一 IP 地址的合法租用以及其他的配置信息都放入该广播包发给

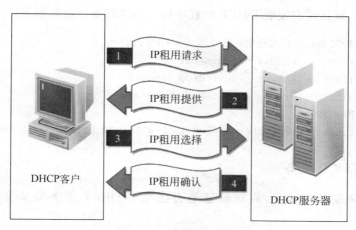

图 6.1　DHCP 的工作过程

客户端。

注意：当客户端广播一个 DHCPDISCOVER 数据包后，网络中没有一台 DHCP 服务器响应该客户端的请求时，客户端就会随机使用 169.254.0.0/16 网段中的任意一个 IP 地址。这样，就能够让所有没有分配到有效 IP 地址的主机之间进行通信了。

2. DHCP 客户进行 IP 租用更新

取得 IP 租用后，DHCP 客户端必须定期更新租用，否则当租用到期，就不能再使用此 IP 地址。具体过程如下。

（1）在当前租期过去 50％时，DHCP 客户端直接向为其提供 IP 地址的 DHCP 服务器发送 DHCPREQUEST 数据包。如果客户端收到该服务器回应的 DHCPACK 数据包，客户端就根据包中所提供的新的租期以及其他已经更新的 TCP/IP 参数，更新自己的配置，IP 租用更新完成。如果没有收到该服务器的回复，则客户端继续使用现有的 IP 地址。

（2）如果在租期过去 50％时未能成功更新，则客户端将在当前租期过去 87.5％时再次向为其提供 IP 地址的 DHCP 联系。如果联系不成功，则重新开始 IP 租用过程。

（3）如果 DHCP 客户端重新启动时，它将尝试更新上次关机时拥有的 IP 租用。如果更新未能成功，客户端将尝试联系现有 IP 租用中列出的默认网关。如果联系成功且租用未到期，客户端则认为自己仍然位于与它获得现有 IP 租用时相同的子网上，继续使用现有 IP 地址。如果未能与默认网关联系成功，客户端则认为自己已经被移到不同的子网上，则 DHCP 客户端将失去 TCP/IP 网络功能。此后，DHCP 客户端将每隔 5 分钟尝试一次重新开始新一轮的 IP 租用过程。

6.2　安装 DHCP 服务

6.2.1　安装 DHCP 服务

在配置 DHCP 服务之前，必须在服务器上安装 DHCP 服务。在 Linux 平台下，安装 DHCP 服务前应该保证服务器具有静态的 IP 地址。Red Hat Enterprise Linux 6 提供了

DHCP 软件包。默认没有安装 DHCP 的程序包。具体的安装过程如下:

```
//将 RHEL6 的安装光盘放入光驱后挂载到/media/cdrom 目录
[root@ localhost ~]#mkdir   /media/cdrom
[root@ localhost ~]# mount   /dev/cdrom   /media/cdrom
[root@ localhost ~]# cd     /media/cdrom/Packages
//安装所需的 RPM 包
[root@ localhost Packages]# rpm - ivh dhcp-4.1.1-12.p1.el6.i686.rpm
```

6.2.2　验证 DHCP 服务

DHCP 服务安装完成后,应该验证是否已经将 DHCP 服务安装完成了。具体操作为:

```
[root@ localhost ~]# rpm - q dhcp 或 rpm - qa | grep dhcp
dhcp-4.1.1-12.p1.el6.i686
```

若输出了 dhcp 软件包的名称,则说明已安装。若未安装,则可利用软件包来直接安装。

6.3　配置与管理 DHCP 服务

在 Linux 系统中,主要是通过配置/etc/dhcp/dhcpd.conf 文件来实现对 DHCP 服务器的配置,包括作用域、IP 地址分配范围、DHCP 选项、组的运用等方面的设置。

6.3.1　熟悉 DHCP 配置文件

安装完 DHCP 服务后,在/etc/dhcp 目录中会自动创建一个空白的 dhcpd.conf 配置文件。在/usr/share/doc/dhcp＊/目录中会创建一个样本文件 dhcpd.conf.sample,在实际操作中,需要将样本文件复制到/etc/dhcp/dhcpd.conf 文件中,并根据实际的场景进行修改。

```
[root@ localhost ~]# cp /usr/share/doc/dhcp * /dhcpd.conf.sample   /etc/dhcp/
dhcpd.conf
```

1. 配置文件/etc/dhcp/dhcpd.conf 文件格式

/etc/dhcp/dhcpd.conf 是一个包含若干参数、声明以及选项的文件,如图 6.2 所示。其基本结构为:

```
#全局设置
参数或选项;                 #全局生效
#局部设置
声明{
        参数或选项;         #局部生效
}
```

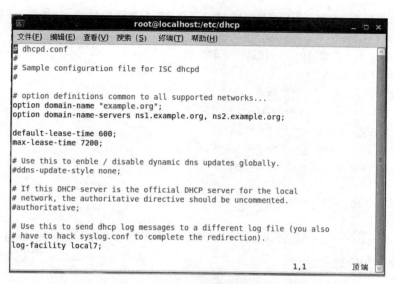

```
root@localhost:/etc/dhcp                    _ □ ×
文件(F)  编辑(E)  查看(V)  搜索 (S)  终端(T)  帮助(H)
dhcpd.conf
#
# Sample configuration file for ISC dhcpd
#

# option definitions common to all supported networks...
option domain-name "example.org";
option domain-name-servers ns1.example.org, ns2.example.org;

default-lease-time 600;
max-lease-time 7200;

# Use this to enble / disable dynamic dns updates globally.
#ddns-update-style none;

# If this DHCP server is the official DHCP server for the local
# network, the authoritative directive should be uncommented.
#authoritative;

# Use this to send dhcp log messages to a different log file (you also
# have to hack syslog.conf to complete the redirection).
log-facility local7;

                                            1,1              顶端
```

图 6.2　DHCP 配置文件内容

说明：

（1）全局部分对整个 DHCP 服务器起作用；局部设置部分仅对局部生效。

（2）注释语句通常以"#"号开头，可以放在任何位置。

（3）每一行参数或选项定义都要以";"号结束，但声明所用的大括号所在行除外。

2. 配置文件/etc/dhcp/dhcpd. conf 的文件内容

/etc/dhcp/dhcpd. conf 配置文件可以从样本文件/usr/share/doc/dhcp ＊/dhcpd. conf. sample 中复制而来的。如果配置错误，又查找不出来错误的情况下，可以将样本文件重新复制过来，以便于重新进行配置。

通过文件内容，可以发现文件模板里就是声明了几个子网，告诉我们怎样来定义需要分配的 IP 地址。文件内容里很多都是用到域名，其实在实际使用过程我们都是使用 IP 地址。"#"号后面的内容都是注释，都是可以删除掉的。

配置文件的主要内容如下：

//为 DHCP 客户端设置 DNS 域

option domain-name "example.org";

//为 DHCP 客户端设置 DNS 服务器地址

option domain-name-servers ns1.example.org, ns2.example.org;

//为 DHCP 客户端设置默认的地址租期

default-lease-time 600;

//为 DHCP 客户端设置最长的地址租期

max-lease-time 7200;

//配置使用 DHCP-DNS 互动更新模式

ddns-update-style none; //interim 代表通过 dhcp 实现安全的 dns 更新，none 代表不更新

//当一个客户端试图获得一个不是该 DHCP 服务器分配的 IP 地址时，DHCP 将发送一个拒绝消息，

```
//而不会等待请求超时。当请求被拒绝,客户端会重新向当前 DHCP 发送 IP 请求获得新地址。
#authoritative;
//指定 DHCP 服务器发送的日志信息的日志级别。
log-facility local7;
//设置子网声明、地址池、默认网关
subnet 192.168.1.0 netmask 255.255.255.0 {
    option domain-name "domain.org";
    range 192.168.1.10 192.168.1.100;
    option routers 192.168.1.254;
    }
//设置主机声明
host fantasia {
  hardware ethernet 08:00:07:26:c0:a5;        //指定 DHCP 客户端的 MAC 地址
  fixed-address fantasia.fugue.com;           //对指定的 MAC 地址分配固定的 IP 地址
}
//定义名为"foo"的类
class "foo" {
//匹配客户端发送来的请求含有字符串 0-4 共 5 个字符是 SUNW 才响应请求
match if substring (option vendor-class-identifier,0,4)="SUNW";
}
//共享网络声明
shared-network 224-29 {
  subnet 10.17.224.0 netmask 255.255.255.0 {
    option routers rtr-224.example.org;
  }
  subnet 10.0.29.0 netmask 255.255.255.0 {
    option routers rtr-29.example.org;
  }
  pool {
    allow members of "foo";
    range 10.17.224.10 10.17.224.250;
  }
  pool {
    deny members of "foo";
    range 10.0.29.10 1
    0.0.29.230;
  }
}
```

3. 配置文件中的声明

声明用来描述网络布局及提供客户端的 IP 地址等信息,/etc/dhcp/dhcpd.conf 配置文件中的主要声明如表 6.1 所示。

表 6.1　DHCP 配置文件中的主要声明

声　明	语　法	说　明
subnet	subnet subnet-number netmask	用于提供足够的信息来阐明一个 IP 地址是否属于该子网
range	range [dnamic-bootp] low-address [high-address];	对于任何一个需要动态分配 IP 地址的 subnet 语句里,至少要有一个 range 语句,用于说明要分配的 IP 地址范围

host	host hostname{
	[parameters]
	[declarations]
	}
		为特定的 DHCP 客户端提供 IP 网络参数

group	group {
	[parameters]
	[declarations]
	}
		为一组参数提供声明

Shared-network	shared-network scope-name {
	[parameters]
	subnet subnet-number netmask { … }
	[subnet …]
	}
		用于说明是否在一些子网中共享相同的网络

4. /etc/dhcp/dhcpd.conf 配置文件中的主要参数

主要参数如表 6.2 所示。

表 6.2　DHCP 配置文件中的主要参数

参　数	语　法	说　明
ddns-update-style	ddns-update-style interim|none;	配置 DHCP-DNS 互动更新模式
default-lease-time	default-lease-time time;	指定默认地址租期
max-lease-time	max-lease-time time;	指定最长的地址租期
hardware	hardware hardware-type hardware-address;	指定硬件接口类型及硬件地址
fixed-address	fixed-address address [,address…];	为 DHCP 客户端指定的 IP 地址
server-name	server-name name;	告知 DHCP 客户端服务器的名字
domain-name	option domain-name string;	为客户端指明 DNS 名字
domain-name-servers	option domain-name-servers ip-address [,ip-address…];	为客户端指明 DNS 服务器的 IP 地址
host-name	option host-name string;	为客户端指定主机名
routers	option routers ip-address [,ip-address…];	为客户端设置默认网关
subnet-mask	option subnet-mask ip-address;	为客户端设置子网掩码
broadcast-address	option broadcast-address ip-address;	为客户端设置广播地址

6.3.2　配置 DHCP 作用域

配置作用域是对子网中使用 DHCP 服务的计算机进行的 IP 地址管理性分组。管理员首先为每个物理子网创建作用域，然后使用该作用域定义客户端使用的参数。

1. 声明 DHCP 作用域

在 /etc/dhcp/dhcpd.conf 配置文件中，可以用 subnet 语句来声明一个作用域，具体语法如表 6.1 所示。

subnet 声明确定要提供 DHCP 服务的 IP 子网，子网需要用网络 ID 和子网掩码进行与运算来得出。这里的网络 ID 必须与 DHCP 服务器所在的网络 ID 相同。

例如，为 192.168.1.0/24 子网进行的子网声明的语句如下：

```
subnet 192.168.1.0  netmask 255.255.255.0 {
}
```

2. 设置分配 IP 地址的范围

DHCP 作用域由给定子网上 DHCP 服务器可以租借给客户端的 IP 地址池组成，如从 192.168.1.1 到 192.168.1.254。每个子网只能有一个具有连续 IP 地址范围的单个 DHCP 作用域。要在单个作用域或子网内使用多个地址范围来提供 DHCP 服务，必须首先定义作用域。具体可以使用 range 参数来定义 IP 地址范围。例如：

```
range 192.168.1.1 192.168.1.254;
```

3. 绑定静态的 IP 地址

在网络中总有一些主机扮演着特殊的角色，例如为网络中的客户端提供 Web、FTP 等服务，对于这些主机由于本身就是服务器，因而，必须保证总是使用固定的 IP 地址。那么这种绑定指的就是将 IP 地址与 MAC 地址绑定。

绑定静态地址需要使用 host 声明和 hardware、fixed-address 参数，详见表 6.1 和表 6.2。

例如，需要为某个局域网内的 FTP 服务器绑定静态的 IP 地址，配置语句如下：

```
host ftpsrv {
    hardware ethernet 00:2d:34:8e:23:87;
    fixed-address 192.168.1.10;
}
```

这样就可以将 192.168.1.10 这个 IP 地址与 MAC 地址 00:2d:34:8e:23:87 绑定了。

6.3.3　使用 group 简化 DHCP 的配置

使用 group 声明可以为多个作用域、多个主机设置共同的参数或选项，从而达到简化 DHCP 服务器配置的目的。例如，下列通过使用 group 语句为 srv1 和 srv2 主机设置一个共同的路由器地址。

```
group {
    option routers 192.168.1.1;
    host srv1{
        hardware ethernet 00:12:40:c1:F0:32;
        fixed-address 192.168.1.100;
    }
    host srv2{
        hardware ethernet 00:0c:29:EC:A8:21;
        fixed-address 192.168.1.200;
    }
}
```

6.3.4　管理 DHCP 服务

在 Linux 操作系统下,DHCP 服务是通过 dhcpd 守护进程来进行启动的。默认情况下,该服务没有自动启动。在配置好 DHCP 服务器后,为了让配置文件生效,应该将该服务进行重新启动。可以通过 service 命令或启动脚本/etc/init.d/dhcpd 来实现 DHCP 服务的基本管理,具体用法为:

[root@ localhost ~]# service dhcpd start　　　或/etc/rc.d/init.d/dhcpd start
　　starting dhcpd:　　　　　　　　　　　　　　　　[OK]

若要重新启动该服务,则实现命令为:

service dhcpd restart。

若要查询该服务的启动状态,则实现命令为:

service dhcpd status。

若要停止该服务,则实现命令为:

service dhcpd stop。

检查 dhcpd 是否被启动,则实现命令为:

pstree | grep dhcpd。

6.3.5　管理 DHCP 的地址租用

DHCP 服务器安装并启动服务后,可找台安装有 Windows 系统的计算机,将 IP 地址设置为自动获得,并在指定的网段接入网络并启动计算机,然后在 MS-DOS 状态下执行 ipconfig /all 命令,此时若能看到所分配到的 IP 地址、默认网关和 DNS 服务器地址,则说明 DHCP 服务器工作正常,配置成功。

通过 DHCP 服务器下的/var/lib/dhcpd/dhcpd.leases 文件,管理员可以查看 DHCP 服务器的运行情况。

/var/lib/dhcpd/dhcpd.leases 文件的格式为:

```
lease address { statement }
```

该文件的每一行都是以 lease 开头,然后是 DHCP 服务器分配的 IP 地址,最后是一串定义 lease 特征的命令,如表 6.3 所示。

表 6.3　DHCP 租用参数

值	说　明
开始时间	是 lease 开始租用的时间(包括年、月、日、时、分、秒)
结束时间	是 lease 结束租用的时间(包括年、月、日、时、分、秒)
网卡的硬件地址	指定客户端的网卡 MAC 地址
客户端的 uid 标识	用来验证客户端身份的标识
客户端的主机名	如果客户端提供使用客户端主机名的选项,就必须指定客户端的主机名
主机名	指定一台微软 Windows 客户端的主机名,当需要时提供
废弃	用来标识一个废弃的 IP 地址

下例为租用文件的两种状态:

```
lease 192.168.1.26 {
    starts 2 2014/12/15 03:25:09;
    ends 2 2014/12/15 09:25:09;
    binding state active;
    next binding state free;
    hardware ethernet 00:0c:29:4f:a7:a5;
    uid "\001\000\000\350\240% \206";        //用来验证客户端的 UID 标志
    client-hostname "client1";               //客户端名称
}
lease 192.168.1.254 {
    starts 2 2014/12/15 03:25:09;
    ends 2 2014/12/15 03:25:09;
    binding state abandoned;
    next binding state free;
}
```

6.4　配置 DHCP 客户端

6.4.1　配置 Windows 操作系统下的 DHCP 客户端

1. 配置 DHCP 客户端

配置 DHCP 客户端的操作步骤比较简单,只需要在本地连接的"Internet 协议版本 4 (TCP/IPv4)属性"对话框里选定"自动获得 IP 地址"和"自动获得 DNS 服务器地址"单选框即可,如图 6.3 所示。当然也可以只在 DHCP 服务器上获取部分参数。

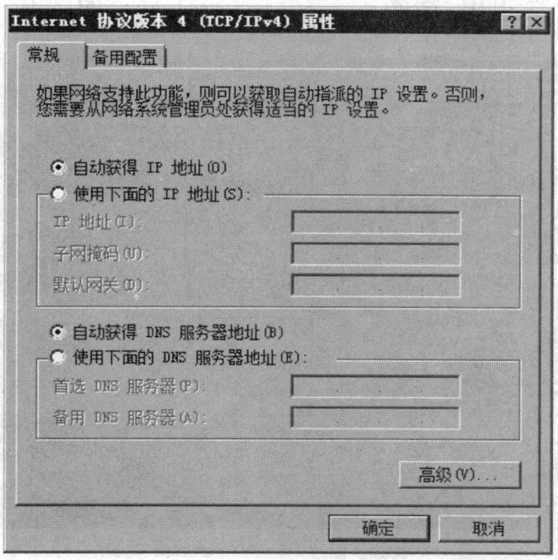

图 6.3 Windows 下 DHCP 客户端的配置

2. DHCP 客户端的租用验证、释放或续订

在启用了 DHCP 的客户端计算机上,租用会按照既定策略进行更新,如果需要观察或手动的管理可以打开"命令提示符"窗口。使用 ipconfig 命令行实用工具通过 DHCP 服务器验证、释放或续订客户端的租用。

要打开命令提示符,请单击"开始",依次指向"程序"和"附件",然后单击"命令提示符"。

要查看或验证 DHCP 客户端的租用,请输入 ipconfig 以查看租用状态信息,或者输入 ipconfig /all,如图 6.4 所示。

图 6.4 租用查看

要释放 DHCP 客户端租用,请输入 ipconfig /release,如图 6.5 所示。

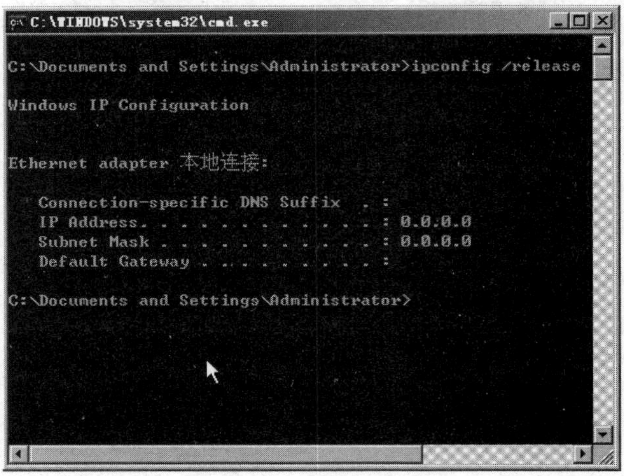

图 6.5　租用释放

要续订 DHCP 客户端租用,请输入 ipconfig/renew,如图 6.6 所示。续订成功后相应的参数会发生变化,注意利用 ipconfig /all 观察租期的变化。

图 6.6　租用的续订

6.4.2　配置 Linux 操作系统下的 DHCP 客户端

1. 配置 DHCP 客户端

(1) 在图形界面中进行配置。在 Linux 的图形界面下,打开"网络连接"界面,选中要配置的网卡,例如,System eth0,单击"编辑"按钮,会打开如图 6.7 所示的界面,选择"方法"中的"自动(DHCP)"选项即可。

设置完成后,需要重新启动 DHCP 服务,设置才能生效。

(2) 通过文件进行配置:

① 修改/etc/sysconfig/network 文件,应包括以下行:

```
NETWORKING=yes
```

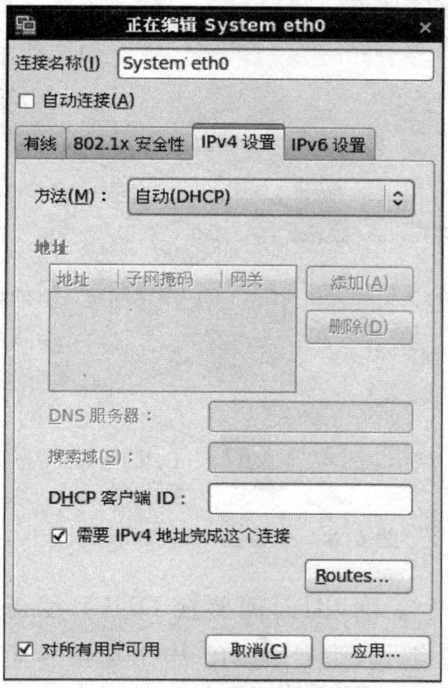

图 6.7　Linux 下 DHCP 客户端的配置

这个文件中可能有更多信息,但是如果想在引导时启动联网,NETWORKING 变量必须被设为 yes。

```
# echo "NETWORKING=yes">/etc/sysconfig/network
```

② 修改/etc/sysconfig/network-scripts/ifcfg-eth0 文件,应包括以下几行:

```
DEVICE=eth0
BOOTPROTO=dhcp
ONBOOT=yes
```

③ 重新启动网卡或重启网络服务。

④ 使用 ifconfig 测试是否获得 IP 地址:

```
[root@localhost ~]#ifconfig
```

实际上客户端获得 IP 租用的数据都被记载在特定的文件中,例如网卡 eth0 的租用记录在文件/var/lib/dhcp/dhclient-eth0.leases 中。

6.5　配置 DHCP 服务器案例

DHCP 服务采用广播方式,不能跨网段提供服务,对于包括多个子网的复杂网络,需要涉及多作用域。

6.5.1　配置多宿主 DHCP 服务器

配置多宿主 DHCP 服务器是指一台 DHCP 服务器安装多个网络接口,分别为多个独立的网络提供服务,如图 6.8 所示。

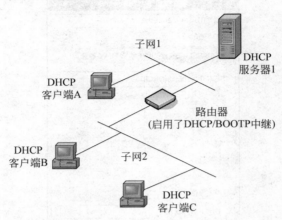

图 6.8　多宿主 DHCP 服务器

DHCP 服务器连接了两个子网,因而需要在 DHCP 服务器上创建两个作用域,一个对应子网 1,另一个对应子网 2。在/etc/dhcp/dhcpd.conf 主配置文件中进行配置时,应该对每个子网设置一个 subnet 子网声明,还应该对两个子网分别声明作用域,具体配置语句如下。

```
ddns-update-style interim;
default-lease-time 600;
max-lease-time 7200;
subnet     192.168.0.0    netmask    255.255.255.0 {
option     subnet-mask    255.255.255.0;
option     routers        192.168.0.1;
range      192.168.0.10   192.168.0.200;
}
subnet     192.168.1.0    netmask    255.255.255.0 {
option     subnet-mask    255.255.255.0;
option     routers        192.168.1.1;
range      192.168.1.20   192.168.1.150;
}
```

DHCP 服务器将通过两块网卡监听客户端的请求,并进行相应的应答。当与网卡 eth0 位于同一网段的 DHCP 客户端访问 DHCP 服务器时,将从与该网卡 1 对应的作用域中获取 IP 地址。

6.5.2　配置 DHCP 中继代理

DHCP 客户端使用广播从 DHCP 服务器处获得租用。除非经过特殊设置,否则路由器一般不允许广播数据包的通过。此时,DHCP 服务器只能为本子网中的客户端分配 IP 地址。因此,应该对网络进行配置使得客户端发出的 DHCP 广播能够传递给 DHCP 服务器。

1. 什么是 DHCP 中继代理

DHCP 中继代理是指用于侦听来自 DHCP 客户端的 DHCP/BOOTP 广播，然后将这些信息转发给其他子网上的 DHCP 服务器的路由器或计算机。它们遵循 RFC 技术文档的规定。RFC 1542 兼容路由器是指支持 DHCP 广播数据包转发的路由器。

2. 在可路由的网络中实现 DHCP 的策略

（1）每个子网至少包含一台 DHCP 服务器。

此方案要求每个子网至少有一台 DHCP 服务器来直接响应 DHCP 客户端的请求，但这种方案潜在地需要更多的管理负担和更多的设备。

（2）配置 RFC1542 兼容路由器在子网间转发 DHCP 信息。

RFC1542 兼容路由器能够有选择性地将 DHCP 广播转发到其他子网中。尽管这种方案比上一种方案更可取，但可能会导致路由器的配置复杂，而且会在其他子网中引起不必要的广播流量。

（3）在每个子网上配置 DHCP 中继代理。

此方案限制了产生多余的广播信息，而且通过为多个子网添加 DHCP 中继代理，只需要一个 DHCP 服务器便可以为多个子网提供 IP 地址，这比上一种方案更可取。另外，也可以配置 DHCP 中继代理延时若干秒后再转发信息，有效建立首选和辅选的应答 DHCP 服务器。

3. DHCP 中继代理的工作原理

在 DHCP 客户端与 DHCP 服务器被路由器隔开的情况下，DHCP 中继代理支持它们之间的租用生成过程。这使得 DHCP 客户端能够从 DHCP 服务器那里获得 IP 地址。下面简要描述 DHCP 中继代理的工作过程，如图 6.9 所示。

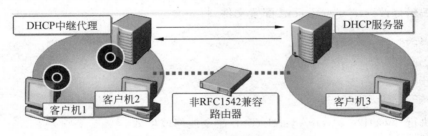

图 6.9　DHCP 中继代理工作过程

（1）DHCP 客户端广播一个 DHCPDISCOVER 数据包。

（2）位于客户端子网中的 DHCP 中继代理使用单播的方式把 DHCPDISCOVER 数据包转发给 DHCP 服务器。

（3）DHCP 服务器使用单播的方式向 DHCP 中继代理发送一个 DHCPOFFER 消息。

（4）DHCP 中继代理向客户端的子网广播 DHCPOFFER 消息。

（5）DHCP 客户端广播一个 DHCPREQUEST 数据包。

（6）客户端子网中的 DHCP 中继代理使用单播的方式向 DHCP 服务器转发 DHCPREQUEST 数据包。

（7）DHCP 服务器使用单播的方式向 DHCP 中继代理发送 DHCPACK 消息。

（8）DHCP 中继代理向 DHCP 客户端的子网广播 DHCPACK 消息。

4. 配置 DHCP 服务器

编辑配置文件/etc/dhcp/dhcpd. conf，具体配置如下：

```
ddns-update-style interim;
default-lease-time 86400;
max-lease-time 172800;
option    domain-name-servers    192.168.0.1;
subnet    192.168.0.0    netmask  255.255.255.0 {
option    subnet-mask    255.255.255.0;
option    routers    192.168.0.1;
range    192.168.0.11              192.168.0.200;
}
subnet    192.168.1.0    netmask  255.255.255.0 {
option    subnet-mask    255.255.255.0;
option    routers    192.168.1.1;
option    domain-name-servers    192.168.0.2;
range    192.168.1.11    192.168.1.200;
}
```

默认网关分别设置为 DHCP 中继代理服务器的两个网络接口。

5. 配置 DHCP 中继代理服务器

（1）开启 IP 包转发功能。

① 编辑修改/etc/sysctl. conf 配置文件，将

```
net.ipv4.ip_forward=0
```

更改为：

```
net.ipv4.ip_forward=1
```

② 执行"sysctl? -p /etc/sysctl. conf"命令使修改生效。

或运行

```
"sysctl -w net.ipv4.ip_forward=1"              //临时开启 IP 包转发功能
```

（2）配置 DHCP 中继代理。

编辑主配置文件

```
#vim /etc/sysconfig/dhcrelay
INTERFACES="eth0 eth1"              //指定工作网卡
DHCPSERVERS="192.168.10.2"              //指定 DHCP 服务器 IP 地址
```

（3）重新启动 dhcrelay 服务。

```
#service dhcrelay restart
```

6．测试 DHCP 中继代理

在子网 2 中使用客户端自动获取 IP 地址，成功之后可在 DHCP 服务器上查看系统日志/var/log/message 文件。

6.5.3　配置 DHCP 超级作用域

使用超级作用域，可以将多个作用域组合为单个管理实体。超级作用域可以解决多网结构中的某种 DHCP 部署问题，包括以下情形：

（1）当前活动作用域的可用地址池几乎已耗尽，而且需要向网络添加更多的计算机。最初的作用域包括指定地址类的单个 IP 网络的一段完全可寻址范围。需要使用另一个 IP 网络地址范围以扩展同一物理网段的地址空间。

（2）客户端必须随时间迁移到新作用域，例如重新为当前 IP 网络编号，从现有的活动作用域中使用的地址范围到包含另一 IP 网络地址范围的新作用域。

（3）可能希望在同一物理网段上使用两个 DHCP 服务器以管理分离的逻辑 IP 网络。

图 6.10 显示了一个从一个物理网段和一个 DHCP 服务器组成的简单 DHCP 网络如何扩展为使用超级作用域支持多网配置的网络。

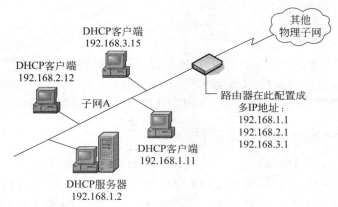

图 6.10　DHCP 超级作用域网络拓扑

如果当前作用域的地址池快要耗尽，还需要向网络添加更多的计算机，这时就需要添加新的作用域以扩展 IP 地址空间，从而为单个物理网络上的 DHCP 客户端提供多个作用域的租用。

1．dhcpd.conf 文件的语法格式：

```
shared-network 超级作用域名称 {
    [参数或选项]          //设置对所有作用域有效
    subnet    网络 ID    netmask    子网掩码{
```

```
        …}
    [subnet …]            //声明若干其他作用域
    }
```

2．/etc/dhcp/dhcpd.conf 文件的配置如下：

```
ddns-update-style interim;
ignore     client-updates;
shared-network     abcgroup     {
subnet     192.168.1.0     netmask     255.255.255.0 {
option     subnet-mask     255.255.255.0;
option     routers         192.168.1.1;
range      192.168.1.1     192.168.1.254;}
subnet     192.168.2.0     netmask     255.255.255.0 {
option     vsubnet-mask    255.255.255.0;
option     routers         192.168.2.1;
range      192.168.2.1     192.168.2.254;}
subnet     192.168.3.0     netmask     255.255.255.0 {
option     subnet-mask     255.255.255.0;
option     routers         192.168.3.1;
range      192.168.3.1     192.168.3.254;}
}
```

说明：DHCP 网络包括多个作用域，这些作用域分配给客户端的 IP 地址不在同一子网，要实现相互访问，还需对网关配置多个 IP 地址，然后在每个作用域中设置相应的网关地址，在网关上设置路由，使不在同一子网的计算机之间能够相互通信。

6.5.4　配置 DHCP 服务器综合应用

假设要为某局域网安装配置一台 DHCP 服务器，为 192.168.1.0/24 网段和 192.168.2.0/24 网段的用户提供 IP 地址动态分配服务。192.168.1.0/24 网段用于动态分配的 IP 地址池范围为 192.168.1.20-192.168.1.160，默认网关（路由）为 192.168.1.1，该网段的其余地址保留或用于静态分配。另外，物理地址为 00：0C：29：04：FB：E2 的网卡，固定分配的 IP 地址为 192.168.1.100；物理地址为 00：0C：29：04：ED：35 的网卡，固定分配到的 IP 地址为 192.168.1.101。

192.168.2.0/24 网段的默认网关为 192.168.2.1，用于动态分配的 IP 地址池范围为 192.168.2.20-192.168.2.100 和 192.168.2.140-192.168.2.240，各网段默认的域名服务器为 202.99.166.4 和 202.99.160.68。物理地址为 00：0C：29：1E：2F：4A 的网卡，固定分配到的 IP 地址为 192.168.2.100。

分析：根据需求可知，要提供动态 IP 地址分配的网段有 2 个，因此，在 DHCP 服务器中，需要定义 2 个 DHCP 作用域。对于各作用域都相同的域名服务器，可将其定义为默认域名服务器，在各作用域中就可不再单独配置了。

以下为具体的配置步骤：

```
[root@ localhost ~]#vim /etc/dhcp/dhcpd.conf
```

```
//全局设置
ddns-update-style interim;
//以下设置是否允许动态更新 dns。若允许,则设置为 allow client-updates;
deny client-updates;                        //或 ignore client-updates; 不允许更新
default-lease-time 86400;                   //设置默认的 IP 租用期,以秒为单位
max-lease-time 172800;                      //设置默认的最长租用期
option subnet-mask 255.255.255.0;           //设置默认的子网掩码
option domain-name "hbsi.com";              //设置默认域名
option domain-name-servers 202.99.166.4,202.99.160.68;   //设置默认的域名服务器
option time-offset -18000;                  //Eastern Standard Time
```

下面分别定义 DHCP 的作用域：

```
subnet 192.168.1.0 netmask 255.255.255.0 {
    range 192.168.1.20    192.168.1.160;  //指定可分配的 IP 地址范围
    option broadcast-address 192.168.1.255;    //指定该网段的广播地址,可不设置
    option routers 192.168.1.1;           //指定该网段的默认网关
}
subnet 192.168.2.0 netmask 255.255.255.0 {
    range 192.168.2.20    192.168.2.100;  //指定第 1 段 IP 地址范围
    range 192.168.2.140    192.168.2.240; //指定第 2 段 IP 地址范围
    option broadcast-address 192.168.2.255;    //指定该网段的广播地址
    option routers 192.168.2.1;           //指定该网段的默认网关
}
```

以下对特殊的主机进行设置：

```
group{
        default-lease-time 259200;        //可为该组的客户端单独设置租用期
        option routers 192.168.1.1;       //为该组设置默认网关
    host staticiphost1 {
        hardware ethernet 00:0C:29:04:FB:E2;    //指定网卡的物理地址
        fixed-address 192.168.1.100;      //指定所固定分配到的 IP 地址
    }
    host staticiphost2 {hardware ethernet 00:0C:29:04:ED:35; fixed-address
192.168.1.101; }
    host staticiphost3 {hardware ethernet 00:0C:29:1E:2F:4A;
        fixed-address 192.168.2.100;
        option routers 192.168.2.1;       //为该主机特别指定默认网关
    }
}
```

本 章 小 结

　　本章结合一个企业的 DHCP 服务器的架设需求,详细地讲述了 DHCP 服务器和 DHCP 客户端的配置过程。通过本章的学习,可以掌握 DHCP 的架设过程,了解 DHCP

的相关知识。

实 训 练 习

【实训目的】：掌握 DHCP 服务器的搭建。

【实训内容】：

(1) 安装 DHCP 服务。

(2) 配置 DHCP 服务器。

(3) 配置 DHCP 客户端。

【实训步骤】：

(1) 安装 DHCP 服务。

(2) 为网络创建一个作用域。

(3) 将客户端计算机设置为"自动获得 IP 地址"。

(4) 使用 ipconfig 命令检查计算机是否正确获得 IP 地址。

习 题

一、选择题

1. 如果 DHCP 客户端无法获取 IP 地址，将自动从(　　)地址段中选择一个作为自己的地址。

  A. 169.254.0.0/16   B. 192.168.0.0/24

  C. 10.0.0.0/8   D. 172.16.0.0/12

2. DHCP 租用文件默认保存在(　　)目录中。

  A. /etc/dhcpd.conf   B. /var/lib/dhcpd/dhcpd.leases

  C. /var/lib/dhcpd/dhcp   D. /var/lib/dhcpd.leases

3. 配置完 DHCP 服务器，运行(　　)命令可以启动 DHCP 服务。

  A. service dhcpd start   B. service dhcp start

  C. service dhcpd stop   D. service dhcp stop

4. 配置 Linux 客户端需要网卡配置文件，将 BOOTPROTO 项设置为(　　)。

  A. no   B. yes   C. dhcp   D. dhcpd

5. 当客户端注意到它的租用到达(　　)以上时，就可以更新该租期了。这时它会发送一个(　　)信息包给 DHCP 服务器。

  A. 50% DHCPREQUEST   B. 25% DHCPREQUEST

  C. 75% DHCPDISCOVER   D. 80% DHCPDISCOVER

二、简答题

1. 简要说明动态 IP 地址分配方案特点。

2. DHCP 工作过程包括哪几个步骤？

3. DHCP 的范本文件如何获得？

4. 简要说明 DHCP 服务器的配置过程。

5. 简要说明如何配置 DHCP 中继代理。

6. 网卡 eth0 的配置文件位于哪个目录下？为了测试 DHCP 服务器，需要如何配置该文件？

第 7 章

搭建 DNS 服务器

学习目标

- 理解 DNS 的域名空间结构。
- 了解 DNS 的工作原理。
- 掌握 DNS 服务的安装。
- 掌握 DNS 服务器的配置。
- 掌握 DNS 客户端的配置。

案例情景

当我们上网时,通常输入的是网址,其实这就是一个域名。而在网络上计算机彼此之间只能使用 IP 地址才能相互识别。输入 IP 地址可以直接访问目标网站,但 IP 地址令人难以记忆。为方便记忆,便有了域名的说法。域名不仅便于记忆,而且即使在 IP 地址发生变化的情况下,通过改变解析对应关系,域名仍可保持不变。搭建 DNS 服务器,就是实现 IP 地址与域名的地址映射,从而省去记忆 IP 地址的烦恼。

项目需求

某企业有一个局域网(192.168.10.0/24),该企业中已经有自己的网页,员工希望通过域名来进行访问,同时员工也需要访问 Internet 上的网站。该企业已经申请了域名,公司需要 Internet 上的用户通过域名访问公司的网页。为了保证可靠,不能因为 DNS 的故障,导致网页不能访问。

实施方案

通过 DNS 服务器进行域名解析,通过用户友好的名称查找计算机和服务。当用户在应用程序中输入 DNS 名称时,DNS 服务可以将此名称解析为与之相关的 IP 地址。配置和实现 DNS 服务的主要步骤如下:

(1) 申请 DNS 域名空间。

(2) 安装 DNS 服务。

(3) 配置主 DNS 服务器。根据企业需求设置正向和反向解析以及主配置文件。

(4) 配置辅助 DNS 服务器。为防止意外,需要再配置至少一台辅助 DNS 服务器,以便在主 DNS 服务器发生故障时,也能进行域名解析工作。

(5) 配置 DNS 客户端。

(6) 测试 DNS 服务。

7.1 认识 DNS

在上网时输入的网址,通过域名解析系统解析找到了相对应的 IP 地址,这样才能连接到网络。DNS(Domain Name Service)提供了网络访问中域名和 IP 地址的相互转换,是 Internet/Intranet 中最基础也是非常重要的一项服务,可以将复杂的不容易记忆的 IP 地址转化成有意义的容易记忆的域名。

7.1.1 了解 DNS 服务

在 TCP/IP 网络中,每台主机必须有一个唯一的 IP 地址,当某台主机要访问另外一台主机上的资源时,必须指定另一台主机的 IP 地址,通过该 IP 地址找到这台主机后才能访问这台主机。但是,当网络的规模较大时,使用 IP 地址就不太方便了,所以,便出现了主机名(Host Name)与 IP 地址之间的一种对应解决方案,通过使用形象易记的主机名而非 IP 地址进行网络的访问,这比单纯使用 IP 地址要方便得多。其实,在这种解决方案中使用了解析的概念和原理。单独通过主机名是无法建立网络连接的,只有通过解析的过程,在主机名和 IP 地址之间建立了映射关系后,才可以通过主机名间接地通过 IP 地址建立网络连接。

主机名与 IP 地址之间的映射关系,在小型网络中多使用 hosts 文件来完成,后来,随着网络规模的增大,为了满足不同组织的要求,以实现一个可伸缩、可自定义的命名方案的需要,InterNIC 制定了一套称为域名系统(DNS)的分层名字解析方案,当 DNS 用户提出 IP 地址查询请求时,可以由 DNS 服务器中的数据库提供所需的数据,完成域名和 IP 地址的相互转换。DNS 技术目前已广泛应用于 Internet 中。

组成 DNS 系统的核心是 DNS 服务器,它是回答域名服务查询的计算机,它为连接 Intranet 和 Internet 的用户提供并管理 DNS 服务,维护 DNS 名字数据并处理 DNS 客户端主机名的查询。DNS 服务器保存了包含主机名和相应 IP 地址的数据库。

DNS 服务器分为三类:

(1)主 DNS 服务器。主 DNS 服务器负责维护所管辖域的域名服务信息。它从域管理员构造的本地磁盘文件中加载域信息,该文件(区文件)包含着该服务器具有管理权的一部分域结构的最精确信息。配置主 DNS 服务器需要一整套的配置文件,包括主配置文件(/etc/named.conf)、正向域的区文件、反向域的区文件等文件。

(2)辅助 DNS 服务器。辅助 DNS 服务器用于分担主 DNS 服务器的查询负载区文件是从主服务器中转移出来的,并作为本地磁盘文件存储在辅助服务器中,这种转移称为"区文件转移"。在辅助 DNS 服务器中有一个所有域信息的完整复制,可以权威地回答对该域的查询请求。配置辅助 DNS 服务器不需要生成本地区文件,因为可以从主服务器上下载该区文件。

(3)唯高速缓存 DNS 服务器。供本地网络上的客户端用来进行域名转换。它通过查询其他 DNS 服务器并将获得的信息存放在它的高速缓存中,为客户端查询信息提供服务。唯高速缓存 DNS 服务器不是权威性的服务器,因为它提供的所有信息都是间接信息。

7.1.2　了解 DNS 查询模式

按照 DNS 搜索区域的类型,DNS 的区域分为正向搜索区域和反向搜索区域。正向搜索是 DNS 服务的主要功能,它根据计算机的 DNS 名称(域名),解析出相应的 IP 地址;而反向搜索是根据计算机的 IP 地址解析出它的 DNS 名称(域名)。

1. 正向查询

正向查询就是根据域名,搜索出对应的 IP 地址。其查询方法为:当 DNS 客户端(或 DNS 服务器)向首选 DNS 服务器发出查询请求后,如果首选 DNS 服务器数据库中没有与请求所对应的数据,则会将查询请求转发给另一台 DNS 服务器,依此类推,直到找到与查询请求对应的数据为止。如果最后一台 DNS 服务器中也没有所需的数据,则通知 DNS 客户端查询失败。

2. 反向查询

反向查询与正向查询正好相反,它是利用 IP 地址查询出对应的域名。

7.1.3　DNS 域名空间结构

DNS 树的每个节点代表一个域,通过这些节点,对整个域名空间进行划分,成为一个层次结构。域名空间的每个域的名字,通过域名进行表示。域名通常由一个完全正式域名(FQDN)标识。FQDN 能准确地表示出其相对于 DNS 域树根的位置,也就是节点到 DNS 树根的完整表述方式,从节点到树根采用反向书写,并将每个节点用“.”分隔。

一个 DNS 域可以包括主机和其他域(子域),每个机构都拥有名称空间的某一部分的授权,负责该部分名称空间的管理和划分,并用它来命名 DNS 域和计算机。例如,hbsi 为 com 域的子域,其表示方法为 hbsi.com,而 www 为 hbsi 域中的 Web 站点,可以使用 www.hbsi.com 表示。

Internet 域名空间结构为一棵倒置的树,并进行层次划分。由树根到树枝,也就是从 DNS 根到下面的节点,按照不同的层次,进行了统一的命名。域名空间最顶层,DNS 根称为根域(root)。根域的下一层为顶级域,又称为一级域。其下层为二级域,再下层为二级域的子域,按照需要进行规划,可以为多级。在 DNS 中,域名空间结构采用分层结构,包括域名、顶级域、二级域和主机名称。在域名层次结构中,每一层称为一个域,每个域用一个点号“.”分隔。在域名系统中,每台计算机的域名由一系列用点分隔的字母数字段组成。主机 www 的 FQDN 从最下层到最顶层根域进行反写,表示为 www.hbsi.com。DNS 域名空间的分层结构如图 7.1 所示。

整个 DNS 域名空间结构如同一棵倒挂的树,层次结构非常清晰,如图 7.1 所示,根域位于顶部,紧接在根域下面的是顶级域,每个顶级域又可以进一步划分为不同的二级域,二级域再划分出子域,子域下面可以是主机也可以再划分子域,直到最后的主机。在 Internet 中的域是由 InterNIC 负责管理的,域名的服务则由 DNS 来实现。图 7.1 所示的最后一层的完整域名是 www.hbsi.com,其中 www 为主机名,hbsi 为二级域名。

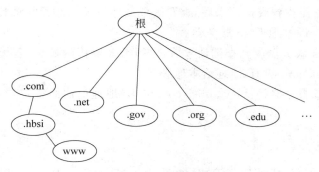

图 7.1 DNS 域名空间结构

7.1.4 客户端域名搜索过程

在设定 IP 网络环境时,通常都要告诉每台主机关于 DNS 服务器的地址(可以手动在每一台主机上面设置,也可以使用 DHCP 来设定)。下面讲述 DNS 是怎样搜索的。

下面以访问 www.hbsi.com 为例说明,如图 7.2 所示。

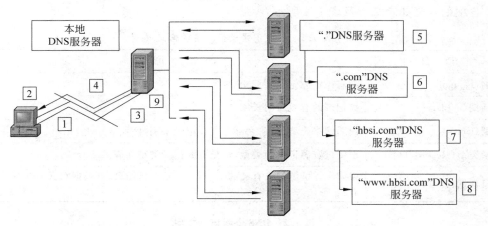

图 7.2 DNS 的解析过程

(1) 客户端首先检查本地/etc/hosts 文件,是否有对应的 IP 地址,若有,则直接访问 www.hbsi.com 站点;若无,则执行步骤(2)。

(2) 客户端检查本地缓存信息,若有,则直接访问 Web 站点;若无,则执行步骤(3)。

(3) 本地 DNS 检查缓存信息,若有,将 IP 地址返回给客户端,客户端可直接访问 Web 站点;若无,则执行步骤(4)。

(4) 本地 DNS 检查区域文件是否有对应的 IP 地址,若有,将 IP 地址返回给客户端,客户端可直接访问 Web 站点;若无,则执行步骤(5)。

(5) 本地 DNS 根据 cache.dns 文件中指定的根 DNS 服务器的 IP 地址,转向根 DNS 查询。

(6) 根 DNS 收到查询请求后,查看区域文件记录,若无,则将其管辖范围内.com 服务器的 IP 地址告诉本地 DNS 服务器。

（7）.com 服务器收到查询请求后，查看区域文件记录，若无，则将其管辖范围内 hbsi 服务器的 IP 地址告诉本地 DNS 服务器。

（8）.hbsi.com 服务器收到查询请求后，分析需要解析的域名，若无，则查询失败，若有，返回 www.hbsi.com 的 IP 地址给本地服务器。

（9）本地 DNS 服务器将 www.hbsi.com 的 IP 地址返回给客户端，客户端通过这个 IP 地址与 Web 站点建立连接。

7.1.5 DNS 常见资源记录

在管理域名的时候，需要用到 DNS 资源记录（Resource Record，RR）。DNS 资源记录是域名解析系统中基本的数据元素。每个记录都包含一个类型（type）、一个生存时间（Time To Live，TTL）、一个类别（class）以及一些跟类型相关的数据。在设定 DNS 域名解析、子域名管理、E-mail 服务器设定以及进行其他域名相关的管理时，需要使用不同类型的资源记录。资源记录的内容通常包括 5 项，基本格式如下：

Domain [TTL] Class Record Type Record Data

各项的含义如表 7.1 及表 7.2 所示。

表 7.1　资源记录条目中各项含义

项　目	含　义
域名（Domain）	拥有该资源记录的 DNS 域名
存活期（TTL）	该记录的有效时间长度
类别（Class）	说明网络类型，目前大部分资源记录采用"IN"，表示 Internet
记录类型（Record Type）	说明该资源记录的类型，常见资源记录类型如表 7.2 所示
记录数据（Record Data）	说明和该资源记录有关的信息，通常是解析结果，该数据格式和记录类型有关

表 7.2　DNS 资源记录类型

资源记录类型	说　明
A	主机资源记录，建立域名到 IP 地址的映射
CNAME	别名资源记录，为其他资源记录指定名称的替补
SOA	起始授权机构
NS	名称服务器，指定授权的名称服务器
PTR	指针资源记录，用来实现反向查询，建立 IP 地址到域名的映射
MX	邮件交换记录，指定用来交换或者转发邮件信息的服务器
HINFO	主机信息记录，指明 CPU 与 OS

7.2　安装 DNS 服务

Linux 系统下架设 DNS 服务器通常是使用 bind 软件来实现的。bind 是 Berkeley Internet Name Domain Service 的简写，它是一款实现 DNS 服务器的开放源码软件。bind 原本是美国 DAR-PA 资助伯克里大学(Berkeley)开设的一个研究生课题，后来经过多年的变化发展，已经成为世界上使用最为广泛的 DNS 服务器软件。目前，Internet 上绝大多数的 DNS 服务器都是使用 bind 软件来架设的。

bind 软件经历了第 4 版、第 8 版和最新的第 9 版，第 9 版修正了以前版本的许多错误，并提升了执行时的效能。bind 软件能够运行在当前大多数的操作系统平台之上。目前，bind 软件由 Internet 软件联合会(Internet Software Consortium，ISC)这个非赢利性机构负责开发和维护。ISC 的官方网站(http：//www.isc.org/)包含了最新的错误修复和更新。

7.2.1　安装 DNS 服务

在安装 DNS 服务器前，应该给 DNS 服务器指定静态的 IP 地址、子网掩码等 TCP/IP 参数。

如果要使用 DNS 服务器，需要安装 DNS 服务的 bind 软件包。RHEL Server 6 中所有服务器软件包文件的地址在光盘的 Packages /目录中(注意大小写)。

可以先通过以下的命令检查当前系统是否已经安装该软件包，具体操作命令如下：

```
[root@ localhost ~]#rpm -q bind
```

若未安装，则应将光盘放到光驱中，加载光驱后，进入光驱加载点目录，然后采用以下命令进行安装。

```
[root@ localhost ~]#mkdir /media/cdrom
[root@ localhost ~]#mount /dev/cdrom    /media/cdrom
[root@ localhost ~]#cd /media/cdrom/Packages
[root@ localhost Packages]#rpm -ivh bind-9.7.0-5.p2.el6.i686.rpm
```

7.2.2　验证 DNS 服务

DNS 服务安装完成后，应该验证是否已经将 DHCP 服务安装完成了。具体操作为：

```
[root@ localhost ~]#rpm -q bind
```

或

```
rpm -qa | grep bind
bind-9.7.0-5.p2.el6.i686
```

若输出了 bind 软件包的名称，则说明已安装。若未安装，则可利用软件包来直接安装。

7.2.3 管理 DNS 服务器

在 Linux 操作系统下，DNS 服务是通过 named 守护进程来进行启动的。默认情况下，该服务没有自动启动。在配置好 DNS 服务器后，为了让配置文件生效，应该将该服务进行重新启动。可以通过 service 命令或启动脚本 /etc/init.d/named 来实现 DNS 服务的基本管理。

1. 通过脚本管理 named 服务

启动 named 服务器：

```
/etc/rc.d/init.d/named start
```

重启 named 服务器：

```
/etc/rc.d/init.d/named restart
```

查询 named 服务器状态：

```
/etc/rc.d/init.d/named status
```

停止 named 服务器：

```
/etc/rc.d/init.d/named stop
```

2. 通过 service 命令管理 named 服务

启动 named 服务器：

```
service named start
```

重启 named 服务器：

```
service named restart
```

查询 named 服务器状态：

```
service named status
```

停止 named 服务器：

```
service named stop
```

3. 设置 named 服务自动加载

如果每次服务器启动后都要手工开启 named 服务，无形中就增加了管理的负担。如果想让 DNS 服务随着系统的启动而自动加载，可以通过执行 ntsysv 命令或者是 chkconfig 命令来实现，具体命令为：

```
[root@ localhost ~]# chkconfig   --level   235   named   on
named   0:off   1:off   2:on   3:on   4:off   5:on   6:off
```

7.3 配置 DNS 服务器

7.3.1 认识 DNS 服务器的配置文件

配置 Internet 域名服务器时需要一组文件,表 7.3 列出了与域名服务器配置相关的文件,其中最重要的是主配置文件/etc/named. conf。用户可以在/usr/share/doc/bind-9.7.0/sample/etc/或者/usr/share/doc/bind-9.7.0/sample/var/named 目录中找到相应的范本文件,然后将这些文件复制到对应的目标目录中再进行编辑即可。named 的进程运行时首先从/etc/named. conf 文件获取其他配置文件的信息,然后才按照各区域文件的设置内容提供域名解析服务。

表 7.3 域名服务器相关文件

文件选项	文 件 名	说 明
主配置文件	/etc/named. conf	用于设置 DNS 服务器的全局参数,并指定区域文件名及其保存路径
区域声明文件	/etc/named. rfc1912. zones	用于对 DNS 的正向和反向区域进行声明的配置文件
根服务器信息文件	/var/named/named. ca	是缓存服务器的配置文件,通常不需要手工修改
正向区域文件	由 named. conf 文件指定	用于实现区域内主机名到 IP 地址的正向解析
反向区域文件	由 named. conf 文件指定	用于实现区域内 IP 地址到主机名的反向解析

7.3.2 配置 DNS 服务器

为方便讲述,下面以一个示例为例来说明 DNS 服务器的配置过程。

【示例】 现要为某校园网配置一台 DNS 服务器,该服务器的 IP 地址为 192.168.10.1,DNS 服务器的域名为 dns. hbsi. com,同时,这台服务器也可作为 BBS 服务器,域名为 bbs. hbsi. com。要求为表 7.4 中的域名提供正反向解析服务。

表 7.4 域名与 IP 地址的对应关系

dns. hbsi. com	192.168.10.1; 192.168.10.2
www. hbsi. com	192.168.10.4
mail. hbsi. com	192.168.10.5

因为 DNS 服务器会有大量的访问请求,所以要求为 DNS 服务器实现负载均衡。dns. hbsi. com 也解析为 192.168.10.2。

1. 配置主配置文件/etc/named. conf 文件

bind 的主配置文件是/etc/named. conf,该文件只包括 bind 的基本配置和根区域声明。具体的正向区域声明和反向区域声明可以在/etc/named. rfc1912. zones 文件中进行编辑。

```
//named.conf
//
//Provided by Red Hat bind package to configure the ISC BIND named(8) DNS
//server as a caching only nameserver (as a localhost DNS resolver only).
//
//See /usr/share/doc/bind*/sample/ for example named configuration files.
//

options {
    listen-on port 53 { 127.0.0.1; };
    listen-on-v6 port 53 { ::1; };
    directory                "/var/named";
    dump-file                "/var/named/data/cache_dump.db";
        statistics-file          "/var/named/data/named_stats.txt";
        memstatistics-file       "/var/named/data/named_mem_stats.txt";
    allow-query     { localhost; };
    recursion yes;

    dnssec-enable yes;
    dnssec-validation yes;
    dnssec-lookaside auto;

    /* Path to ISC DLV key */
    bindkeys-file "/etc/named.iscdlv.key";
};

logging {
        channel default_debug {
                file "data/named.run";
                severity dynamic;
        };
};

zone "." IN {
    type hint;
    file "named.ca";
};

include "/etc/named.rfc1912.zones";
```

下面对/etc/named.conf 配置文件的主要配置项进行解释：

options 配置段属于全局性的设置，每个配置项以分号作为结束符，下面介绍最常用的几个配置项：

（1）listen-on：设置 named 守护进程绑定的 IP 和监听的端口。假设 DNS 服务器的

IP 地址为 192.168.10.1,服务端口采用默认的 53 号端口,则配置命令为:

```
listen-on port 53{192.168.10.1;};
```

(2) directory "/var/named":用于配置指定 named 守护进程的工作目录,默认为 /var/named。该目录下的 data 子目录用于存放 DNS 服务产生的相关数据,如日志文件等。slaves 目录用于存放 slaves 类型的区域的域名解析文件。

(3) dump-file "/var/named/data/cache_dump.db":定义服务器存放数据库的路径,也就是备份文件位置,一般不修改。

(4) statistics-file "/var/named/data/named_stats.txt":定义了服务器统计信息文件的路径,一般不修改。

(5) allow-query{ }:用于配置指定允许进行普通查询的地址列表。

(6) zone "." IN {

        type hint;

        file "named.ca";

    };

当 DNS 服务器处理递归查询时,如果本地区域文件不能进行查询的解析,就会转到根 DNS 服务器查询。以上语句是要设置根区域,容器指令 zone 的作用是定义一个 DNS 区域,指令后面是 DNS 区域的名称,根区域的名称是"。",在容器指令 zone 花括号内定义该 DNS 区域的选项。

① type hint:在设置区域的类型为 hint,type 选项定义了 DNS 区域的类型,根区域应该设置为 hint 类型,这样当服务器启动时,它能找到根 DNS 服务器并得到根 DNS 服务器的最新列表。

② file"named.ca":设置根服务器列表文件名,file 选项定义保存区域数据的文件名。虽然用户可以自行定义文件名,但为了管理方便,该文件一般命名为 named.ca。每一个标准的 DNS 服务器都有一个保存根服务器列表的文件,它包括了 Internet 上的根服务器的对应 IP 地址。bind 根据该文件得到根 DNS 服务器的 IP 地址。

(7) include "/etc/named.rfc1912.zones";将/etc/named.rfc1912.zones 文件的内容包括到/etc/named.conf 文件中。所以正向区域声明与反向区域声明既可以在/etc/named.conf 文件中进行声明,也可以在/etc/named.rfc1912.zones 文件中进行声明。

注意:named.conf 文件格式有一定的规则,如果稍不注意,就有可能出错。

- 配置文件中语句必须以分号结尾。
- 需用花括号将容器指令(如 options)中的配置语句包含起来,括号内外都有";"。
- 注释符号可以使用 C 语言中的符号对"/ * "和" * /"、C++ 语言的"//"和 Shell 脚本的"#"。
- 符号"//"、"#"与符号对"/ * "和" * /"的区别。

容器指令 options 大括号内的语句都属于定义服务器的全局选项,这个语句在每个配置文件中只有一处。如果出现多个 options 语句,则第一个 options 的配置有效,并且会产生一个警告信息。如果没有 options 语句,每个选项使用默认值。

2. 进行正向区域与反向区域的声明

根据实例的要求,要建立一个名为 hbsi. com 的域,在区域声明文件/etc/named. rfc1912. zones 中增加以下语句:

```
zone "hbsi.com" IN {
        type master;
        file "hbsi.com.zone";
        allow-update{ none; };
};
zone "10.168.192.in-addr.arpa" IN {
        type master;
        file "192.168.10.zone";
        allow-update { none; };
};
```

(1) 正向解析区域解释如下。

① zone "hbsi. com" IN { };　　　//设置主区域的名称

容器指令 zone 后面跟着的是主区域的名称,表示这台 DNS 服务器保存着 hbsi. com 区域的数据。网络上其他所有 DNS 客户端或 DNS 服务器都可以通过这台 DNS 服务器查询到与这个域相关的信息。

② type master;　　　　　　　　//设置类型为主区域

type 选项定义了 DNS 区域的类型,如果参数为 master,则表示此 DNS 服务器为主域名服务器;如果参数为 slave,则表示此 DNS 为辅助域名服务器。

③ file "hbsi. com. zone";　　　　//设置正向区域文件的名称

file 选项定义了区域文件的名称。一个区域内的所有数据(如主机名和对应 IP 地址、刷新间隔和过期时间等)必须存放在区域文件中。虽然用户可以自行定义文件名,但为了方便管理,文件名一般是区域的名称,扩展名是". zone"。应该注意的是,在文件名两边要使用双引号。

④ allow-update{none} ;　　　　//是否允许动态更新

(2) 反向解析区域解释如下。

在大部分的 DNS 查询中,DNS 客户端一般执行正向查找,即根据计算机的 DNS 域名查询对应的 IP 地址。但在某些特殊的应用场合中(如判断地址所对应的域名是否合法),也会使用到通过 IP 地址查询对应 DNS 域名的情况(也称为反向查找)。

```
zone "10.168.192.in-addr.arpa" IN {
};　　　　　　　//设置反向解析区域的名称
```

容器指令 zone 后面跟着的是反向解析区域的名称。在 DNS 标准中定义了固定格式的反向解析区域 in-addr. arpa,以便提供对反向查找的支持。

与 DNS 名称不同,当从左向右读取 IP 地址时,它们是以相反的方式解释的,所以需要将域中的每个 8 位字节数值反序排列。从左向右读取 IP 地址时,读取顺序是从地址的第一部分最一般的信息(IP 网络地址)到最后 8 位字节中包含的更具体的信息(IP 主机地址)。设置区域的类型为"master"。

3. 创建正向解析文件和反向解析文件

(1) 创建正向解析文件。区域文件存放在/var/named 目录下。使用 Vim 编辑器在该目录下建立正向区域文件 hbsi.com.zone 和反向区域文件 192.168.10.zone(注意:文件名必须要和区域声明文件中正向区域声明和反向区域声明定义的文件名保持一致)。正向区域文件如图 7.3 所示。

```
$TTL 1D
@        IN SOA   hbsi.com. root.hbsi.com. (
                                    0         ; serial
                                    1D        ; refresh
                                    1H        ; retry
                                    1W        ; expire
                                    3H )      ; minimum
         NS       dns.hbsi.com.
         IN       MX 10 mail.hbsi.com.
dns      IN       A        192.168.10.1
dns      IN       A        192.168.10.2
www      IN       A        192.168.10.4
bbs      IN       CNAME    dns.hbsi.com.
mail     IN       A        192.168.10.5
```

图 7.3 正向区域文件

区域文件格式说明:

① 缓存寿命。表示记录在缓冲区中保持的时间,以 s 为单位,必须是第一条记录。

`$TTL 1D` //表示记录在缓冲区存在的时间为 86400 秒,也就是 1 天

区域文件的时间数字都默认以秒为单位,为了方便理解,也可以用 h(小时)、d(天)和 w(星期)来作单位,36 000s 和 10h 的表示方式是一样的。

② 设置起始授权机构(SOA)资源记录。SOA 是 Start of Authority (起始授权机构)的缩写,它是主要名称服务器区域文件中必须要设定的资源记录,它表示创建它的 DNS 服务器是主要名称服务器。SOA 资源记录定义了域名数据的基本信息和其他属性(更新或过期间隔)。通常应将 SOA 资源记录设置为区域文件中 TTL 记录的第一个记录。

图 7.3 中@代表区域名,也可以用 hbsi.com 替换,表示使用 zone 语句定义的域名,存放该区域的主机是"hbsi.com."(注意此时以"."结尾),管理员的邮件地址为"root.hbsi.com."(注意邮件中的@必须被写为点)。也可以将 root 后面的域名"hbsi.com."省略,省略的时候连"."一起省略。

邮件地址(本例为 root)后小括号里的数字是 SoA 资源记录各种选项的值,主要作为和辅助名称服务器同步 DNS 数据而设置的。

`2015040813` :设置序列号

它的格式通常是"年月日+修改次数"(当然也可以从 0 开始,然后在每次修改完主区域文件后使这个数加 1),而且不能超过 10 位数字,序列号用于标识该区域的数据是否有更新,当辅助名称服务器需要与主要名称服务器进行区域复制操作(即同步辅助名称服务器的 DNS 数据)时,就会比较这个数值。如果发现这里的数值比它最后一次更新时的数

值大,就说明主名称服务器的数据做了修改,则进行区域复制操作,否则放弃区域复制,所以每次修改完主区域文件后都应增加序列号的值。

  1D   :设置更新间隔

更新间隔用于定义辅助名称服务器隔多久时间与主要名称服务器进行一次区域复制操作。

  1H   :设置重试间隔

重试间隔用于定义辅助名称服务器在更新间隔到期后,仍然无法与主要名称服务器取得联系时,重试区域复制的间隔。通常该间隔应小于更新间隔。

  1W   :设置过期时间

过期时间用于定义辅助名称服务器在该时间内一直不能与主要名称服务器取得联系时,则放弃重试并丢掉这个区域的数据(因为这个区域的数据有可能失效或错误)。

  3H   :设置最小默认 TTL

最小默认 TTL 定义允许辅助名缓存查询数据的默认时间。如果文件开头没有"＄ttl"选项,则以此值为准。

  ③ 设置名称服务器(Name Server,NS)资源记录。名称服务器资源记录定义了该域名由哪个 DNS 服务器负责解析,NS 资源记录定义的服务器称为区域权威名称服务器,如图 7.3 所示。权威名称服务器负责维护和管理所管辖区域中的数据,它被其他服务器或客户端当做权威的来源,为 DNS 客户端提供数据查询,并且能肯定应答区域内所含名称的查询。

  ④ 设置主机地址(A)资源记录:主机地址(Address,A)资源记录是最常用的记录,它定义了 DNS 域名对应 IP 地址的信息。注意:主机名称(如 dns、www 等)前不要有空格。

  ⑤ 设置别名(Canonical Name,CNAME)资源记录。别名资源记录也被称为规范名字资源记录。CNAME 资源记录允许将多个名称映射到同一台计算机上,使得某些任务更容易执行。这样访问 dns.hbsi.com 和 bbs.hbsi.com 时,实际都是访问 IP 地址为 192.168.10.1 的计算机。

  ⑥ 设置邮件交换器(MX)资源记录。邮件交换器(Mail eXchanger,MX)资源记录指向一个邮件服务器,用于电子邮件系统发邮件时根据收信人邮件地址后缀来定位邮件服务器。当一个邮件要发送到地址 user1@hbsi.com,邮件服务器通过 DNS 服务器查询 hbsi.com 这个域名的 MX 资源记录,邮件就会发送到 MX 资源记录所指定的邮件服务器上(mail.hbsi.com)。

  (2) 创建反向解析区域文件。反向解析文件的结构和格式与正向解析文件类似,它是建立 IP 地址映射到 DNS 域名的指针 PTR 资源记录。为了方便,将刚刚建立的正向解析区域文件(hbsi.com.zone)复制给反向解析区域文件(192.168.10.zone),对其进行修改。文件内容如图 7.4 所示。

```
$TTL 1D
@       IN SOA   hbsi.com. root.hbsi.com. (
                                         0       ; serial
                                         1D      ; refresh
                                         1H      ; retry
                                         1W      ; expire
                                         3H )    ; minimum
        NS       dns.hbsi.com.
        IN MX 10 mail.hbsi.com.
1       IN       PTR     dns.hbsi.com.
2       IN       PTR     dns.hbsi.com.
4       IN       PTR     www.hbsi.com.
6       IN       PTR     mail.hbsi.com.
```

图 7.4   反向解析区域文件

4. 配置根服务器信息文件/var/named/named.ca

; <<>>DiG 9.5.0b2 <<>>+bufsize=1200 +norec NS . @a.root-servers.net

;; global options: printcmd

;; Got answer:

;; ->>HEADER<<-opcode: QUERY, status: NOERROR, id: 34420

;; flags: qr aa; QUERY: 1, ANSWER: 13, AUTHORITY: 0, ADDITIONAL: 20

;; OPT PSEUDOSECTION:

; EDNS: version: 0, flags:; udp: 4096

;; QUESTION SECTION:

;.   IN   NS

;; ANSWER SECTION:

```
.          518400     IN     NS     M.ROOT-SERVERS.NET.
.          518400     IN     NS     A.ROOT-SERVERS.NET.
.          518400     IN     NS     B.ROOT-SERVERS.NET.
.          518400     IN     NS     C.ROOT-SERVERS.NET.
.          518400     IN     NS     D.ROOT-SERVERS.NET.
.          518400     IN     NS     E.ROOT-SERVERS.NET.
.          518400     IN     NS     F.ROOT-SERVERS.NET.
.          518400     IN     NS     G.ROOT-SERVERS.NET.
.          518400     IN     NS     H.ROOT-SERVERS.NET.
.          518400     IN     NS     I.ROOT-SERVERS.NET.
.          518400     IN     NS     J.ROOT-SERVERS.NET.
.          518400     IN     NS     K.ROOT-SERVERS.NET.
.          518400     IN     NS     L.ROOT-SERVERS.NET.
```

;; ADDITIONAL SECTION:

```
A.ROOT-SERVERS.NET.     3600000     IN     A      198.41.0.4
A.ROOT-SERVERS.NET.     3600000     IN     AAAA      2001:503:ba3e::2:30
B.ROOT-SERVERS.NET.     3600000     IN     A      192.228.79.201
C.ROOT-SERVERS.NET.     3600000     IN     A      192.33.4.12
```

```
D.ROOT-SERVERS.NET.        3600000     IN      A       128.8.10.90
E.ROOT-SERVERS.NET.        3600000     IN      A       192.203.230.10
F.ROOT-SERVERS.NET.        3600000     IN      A       192.5.5.241
F.ROOT-SERVERS.NET.        3600000     IN      AAAA    2001:500:2f::f
G.ROOT-SERVERS.NET.        3600000     IN      A       192.112.36.4
H.ROOT-SERVERS.NET.        3600000     IN      A       128.63.2.53
H.ROOT-SERVERS.NET.        3600000     IN      AAAA    2001:500:1::803f:235
I.ROOT-SERVERS.NET.        3600000     IN      A       192.36.148.17
J.ROOT-SERVERS.NET.        3600000     IN      A       192.58.128.30
J.ROOT-SERVERS.NET.        3600000     IN      AAAA    2001:503:c27::2:30
K.ROOT-SERVERS.NET.        3600000     IN      A       193.0.14.129
K.ROOT-SERVERS.NET.        3600000     IN      AAAA    2001:7fd::1
L.ROOT-SERVERS.NET.        3600000     IN      A       199.7.83.42
M.ROOT-SERVERS.NET.        3600000     IN      A       202.12.27.33
M.ROOT-SERVERS.NET.        3600000     IN      AAAA    2001:dc3::35


;; Query time: 147 msec
;; SERVER: 198.41.0.4#53(198.41.0.4)
;; WHEN: Mon Feb 18 13:29:18 2008
;; MSG SIZE    rcvd: 615
```

/var/named/named.ca 是一个非常重要的文件,该文件包含了 Internet 的根服务器名字和地址,bind 接到客户端主机的查询请求时,如果在 Cache 中找不到相应的数据,就会通过根服务器进行逐级查询。例如,当服务器收到来自 DNS 客户端查询 www.hbsi.com 域名的请求时,如果 Cache 没有相应的数据,就会向 Internet 的根服务器请求,然后根服务器将查询交给负责域.com 的权威名称服务器,域.com 权威名称服务器再将请求交给负责域 hbsi.com 的权威名称服务器进行查询。这个文件如果在单位内部使用 DNS 服务器的话,可以不用配置。

由于 named.ca 文件经常会随着根服务器的变化而发生变化,因此建议最好从国际互联网络信息中心(InterNIC)的 FTP 服务器下载最新的版本,下载地址为 ftp://ftp.rs.internic.net/domain/named.root 下载完后,应将该文件改名为 named.ca,并复制到 /var/named/ 的目录下。

7.4　配置辅助 DNS 服务器

辅助 DNS 服务器主要用于对主 DNS 服务器的备份,以防止主 DNS 服务器无法访问或者死机,起到一个安全作用,相当于一个冗余。辅助 DNS 服务器定期与主 DNS 服务器通信,保持本机数据的更新。辅助 DNS 服务器的备份功能是借助从主 DNS 服务器上复制最新区域数据文件副本到本地的方法实现的。其数据只是一份副本,所以辅助 DNS 服务器中的数据无法被修改。

辅助 DNS 服务器的配置比较简单,只需要修改主 DNS 服务器的 named.conf 这个文件,辅助 DNS 服务器的区域解析文件是从主 DNS 服务器上继承下来的,因此不必再作设置。可以从 sample 目录复制模板进行配置,当然,最简单的方法就是直接从主 DNS 服务器上去复制再进行稍微的修改。因为,事实上 named. conf 的设置和主 DNS 服务器几乎完全一样的。当启动辅助 DNS 服务器时,它会和与它建立联系的所有主要名称服务器建立联系,并从中复制数据。在辅助 DNS 服务器工作时,还会定期地更改原有的数据,以尽可能保证副本与正本数据的一致性。

下面我们就设置一个辅助 DNS 服务器,因为辅助 DNS 服务器要从主 DNS 服务器上下载数据,所以二者之间一定要可以通信。这里设置为一个局域网,其 IP 地址为 192. 168.10.3。其具体步骤如下:

(1) 准备工作:安装 bind 软件包,并在/var/named 目录中建立 named. ca 文件,方法同上一节所讲。

(2) 设置本机的 IP 地址为 192.168.10.3。

(3) 修改 DNS 的区域声明文件,将"allow-transfer{none;};"修改为"allow-transfer {192.168.10.3;};",定义允许进行区域复制的辅助 DNS 服务器地址为 192.168.10.3。

(4) 启动主 DNS 服务器的 named 进程,确保主 DNS 服务器正常工作。

(5) 在辅助 DNS 服务器上/etc 下创建 named. conf 文件,内容如图 7.5 所示。

(6) 在主 DNS 主服务器端利用 ♯ service iptables stop 命令关闭防火墙。

(7) 启动辅助 DNS 服务器的 named 进程。

以上设置中要注意几个地方是和主区域的主配置文件不一样的:

```
zone "hbsi.com" IN {
        type slave;
        file "slaves/hbsi.com.zone";
        masters {192.168.10.1;};
};
zone "10.168.192.in-addr.arpa" IN {
        type slave;
        file "slaves/192.168.10.zone";
        masters {192.168.10.1;};
};
```

图 7.5 建立辅助 DNS 服务器的 named. conf 文件

- type slave:type 选项定义了 DNS 区域的类型,对于辅助区域应该设置为"slave" 类型。
- file "slaves/hbsi. com. zone":file 选项定义了辅助区域文件的名称。从区域文件的数据不需要管理员直接输入,而是从其他服务器中复制生成的,只是一份副本。如果不需要辅助 DNS 服务器保存区域数据的备份,则可以删除该行语句。bind 已经建立了一个专门用于存放从区域文件的目录/var/named/slaves/,所以在上例设置主区域文件的路径是"slaves/hbsi. com. zone",切勿自行指定路径,否则可能会造成 DNS 服务启动出错。
- masters{192.168.10.1;}:masters 选项定义了主 DNS 服务器的域名或 IP 地址,辅助 DNS 服务器启动时或达到刷新时间间隔时会自动连接主 DNS 服务器并复制其中的 DNS 数据。
- 辅助 DNS 服务器也可以实现域名的反向查找,但也需要定义相应的反向解析区域,方法与设置普通的从区域类似。
- 只有在主 DNS 服务器允许当前进行区域传输的情况下,辅助 DNS 服务器才能进行区域复制操作。(防火墙的配置)

◆ 如果要在本机上进行验证,应该将自己的首选 DNS 服务器设置为自己的 IP
地址。

7.5 配置 DNS 客户端

在 Windows 7、Windows 8 等各种 Windows 版本下配置 DNS 客户端的方法很简单,只需要在网卡设置中将 DNS 服务器的 IP 地址填入即可,在此不再赘述!

在 Linux 配置 DNS 客户端的方法也很简单,直接在图形化界面、setup 命令或者直接修改/etc/resolv.conf 配置文件就可以实现客户端的配置。

7.5.1 在图形化界面中配置 DNS 客户端

在 Linux 的图形界面下,打开"网络连接"界面,选中要配置的网卡,例如 System eth0,单击"编辑"按钮,会打开如图 7.6 所示的界面。在该界面中,可以为客户端配置多个 DNS 的地址,IP 地址之间用逗号分隔开,然后再重新启动网络服务即可。

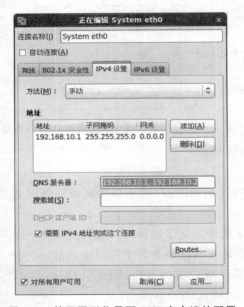

图 7.6 基于图形化界面 DNS 客户端的配置

图 7.7 setup 界面

7.5.2 使用 setup 命令配置 DNS 客户端

在命令提示符下输入 setup 命令,就会出现如图 7.7 所示的界面,在此界面中选择"网络配置"。

然后会出现如图 7.8 所示的界面,选择"DNS 配置"选项,并按回车键。会出现如图 7.9 所示的界面,将可以进行主 DNS、第二 DNS 与第三 DNS 的设置。

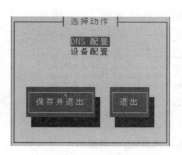

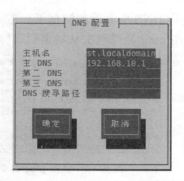

图 7.8 DNS 配置界面   图 7.9 用 setup 设置 DNS 地址界面

7.5.3 编辑/etc/resolv.conf 文件配置 DNS 客户端

在 Linux 下也可以通过编辑文件/etc/resolv.conf 下的 nameserver 选项来指定 DNS 服务器的 IP 地址,然后使用 nameserver 选项来指定多达 3 台 DNS 服务器。如果指定了两台以上的 DNS 服务器,则只有前两台 DNS 服务器有效。客户端是按照 DNS 服务器在文件中的顺序进行查询的,如果没有接收到 DNS 服务器的响应,就去尝试向下一台服务器查询,直到试完所有的服务器为止,所以应该将速度最快、最可靠的 DNS 服务器列在最前面,以保证在查询时间不会超时。

比如,若要设置首选 DNS 为 192.168.10.1,备用 DNS 服务器的地址为 192.168.10.2,则 resolv.conf 配置文件的内容为:

```
[root@ localhost ~]# cat        /etc/resolv.conf
nameserver 192.168.10.1         //列出域名服务器的 IP 地址
nameserver 192.168.10.2
domain hbsi.com                 //定义默认的域名
search www.hbsi.com hbsi.com    //指定域名搜索表,最多 6 个域名参数
options nochecknames rotate     //rotate 打开客户端轮询查询选项,nochecknames 禁止
                                //检测被查询的域名是否符合 RFC952,当需要使用
                                //带有下划线的域名时,需设置该项。
```

7.6 测试 DNS 服务器

首先要启动 DNS 服务,如果不能启动,则要根据提示去修改相应的文件。如果没有什么提示,直接启动失败,则要查看/var/log/message 文件,这个文件是日志文件,系统启动的信息会记录在这个文件里。完成域名服务器的配置后,应该对其进行测试。可以测试 DNS 的命令有很多,有 ping、nslookup、host、dig 等一系列的命令。比较常用的命令就是 ping 和 nslookup,在此采用 ping 和 nslookup 命令进行测试。

7.6.1 使用 ping 命令测试 DNS 服务器

将 DNS 服务器配置完成后,并运用命令将 named 进程重新启动后,就可以说使用

ping 命令进行 DNS 服务器的测试了。

（1）使用 ping 命令测试从域名到 IP 地址的解析，具体如图 7.10 所示。

```
[root@localhost named]# ping -c 4 dns.hbsi.com
PING dns.hbsi.com (192.168.10.1) 56(84) bytes of data.
64 bytes from dns.hbsi.com (192.168.10.1): icmp_seq=1 ttl=64 time=0.037 ms
64 bytes from dns.hbsi.com (192.168.10.1): icmp_seq=2 ttl=64 time=0.078 ms
64 bytes from dns.hbsi.com (192.168.10.1): icmp_seq=3 ttl=64 time=0.079 ms
64 bytes from dns.hbsi.com (192.168.10.1): icmp_seq=4 ttl=64 time=0.076 ms

--- dns.hbsi.com ping statistics ---
4 packets transmitted, 4 received, 0% packet loss, time 2999ms
rtt min/avg/max/mdev = 0.037/0.067/0.079/0.019 ms
```

图 7.10　使用 ping 命令测试从域名到 IP 地址的解析

（2）使用 ping 命令测试从 IP 地址到域名的解析，具体如图 7.11 所示。

```
[root@localhost named]# ping -c 4 192.168.10.1
PING 192.168.10.1 (192.168.10.1) 56(84) bytes of data.
64 bytes from 192.168.10.1: icmp_seq=1 ttl=64 time=0.091 ms
64 bytes from 192.168.10.1: icmp_seq=2 ttl=64 time=0.088 ms
64 bytes from 192.168.10.1: icmp_seq=3 ttl=64 time=0.077 ms
64 bytes from 192.168.10.1: icmp_seq=4 ttl=64 time=0.069 ms

--- 192.168.10.1 ping statistics ---
4 packets transmitted, 4 received, 0% packet loss, time 3007ms
rtt min/avg/max/mdev = 0.069/0.081/0.091/0.010 ms
```

图 7.11　使用 ping 命令测试从 IP 地址到域名的解析

以上两图说明能够实现从域名 dns.hbsi.com 到 IP 地址 192.168.10.1 的解析，也能够实现从 IP 地址 192.168.10.1 到 dns.hbsi.com 域名的解析。这就说明 DNS 的正向区域和反向区域都能够正常工作。

7.6.2　使用 nslookup 命令测试 DNS 服务器

nslookup 程序是 DNS 服务的主要诊断工具，它提供了执行 DNS 服务器查询测试并获取详细信息的功能。使用 nslookup 可以诊断和解决名称解析问题、检查资源记录是否在区域中正确添加或更新，以及排除其他服务器相关问题。

1. 测试主机地址（A）资源记录

进入 nslookup 程序后，默认的查询类型是主机地址，在 nslookup 程序提示符"＞"下直接输入要测试的完全规范域名 FQDN，nslookup 会显示当前 DNS 服务器的名称和 IP 地址，然后返回完全规范域名 FQDN 对应的 IP 地址，如图 7.12 所示。

```
[root@localhost named]# nslookup
> www.hbsi.com
Server:          192.168.10.1
Address:         192.168.10.1#53

Name:    www.hbsi.com
Address: 192.168.10.4
>
```

图 7.12　测试主机资源记录

如图 7.12 所示，如果能出现这个结果，就说明主机地址测试成功，说明 DNS 服务器主文件配置是正确的，同时也能说明正向解析文件是正确的。

2. 测试反向解析指针（PTR）资源记录

测试反向解析和测试正向解析差不多，只要在 nslookup 程序提示符"＞"下直接输入要测试的 IP 地址，如果主配置文件没有错误并且反向解析文件没有错误，则 nslookup 会返回 IP 地址所对应的完全规范域名 FQDN，如图 7.13 所示。

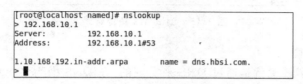

```
[root@localhost named]# nslookup
> 192.168.10.1
Server:          192.168.10.1
Address:         192.168.10.1#53

1.10.168.192.in-addr.arpa        name = dns.hbsi.com.
>
```

图 7.13　测试指针资源记录

3. 测试别名（CNAME）资源记录

这种记录允许将多个名字映射到同一台计算机。通常用于同时提供 WWW 和 BBS 等服务的计算机。例如，有一台计算机名为 dns.hbsi.com（A 记录）。它提供 BBSL 服务，为了便于用户访问服务，可以为该计算机设置别名（CNAME）。这个别名的全称就是 bbs.hbsi.com，实际上指向 dns.hbsi.com。同样的方法可以用于当拥有多个域名需要指向同一服务器 IP，此时就可以将一个域名作为 A 记录指向服务器 IP，然后将其他的域名作为别名之前做 A 记录的域名上，那么当服务器 IP 地址变更时，就可以不必一个一个域名更改指向了，只需要更改做 A 记录的那个域名，其他做别名的那些域名的指向也将自动更改到新的 IP 地址上。

这种记录的测试方法和前面差不多，只不过要先指明记录类型。在 nslookup 程序提示符"＞"下先使用命令"set type＝cname"设置查询的类型为别名，然后输入要测试的别名，nslookup 会返回对应的真实计算机域名，如图 7.14 所示。

```
[root@localhost ~]# nslookup
> set type=cname
> bbs.hbsi.com
Server:          192.168.10.1
Address:         192.168.10.1#53

bbs.hbsi.com     canonical name = dns.hbsi.com.
>
```

图 7.14　测试 CNAME 资源记录

4. 测试邮件交换器（MX）资源记录

由于电子邮件地址中的邮件服务器域名通常是代表一个 DNS 域，而不是一个主机，如 user1@hbsi.com 中的 hbsi.com。因此，需要在 DNS 服务器中设置邮件交换器，可以将电子邮件地址中的域名转换成相应的邮件服务器的 IP 地址。MX RR 为处理域邮件的计算机显示 DNS 域名。如果存在多个 MX RR，则 DNS 客户服务会尝试按照从最低值（最高优先级）到最高值（最低优先级）的优先级顺序与邮件服务器联系。

在 nslookup 程序提示符"＞"下先使用命令"set type ＝MX"设置查询的类型为邮件交换器，然后输入要测试的域名，nslookup 会返回对应的邮件交换器地址，如图 7.15 所示。

```
[root@localhost ~]# nslookup
> set type=mx
> hbsi.com
Server:          192.168.10.1
Address:         192.168.10.1#53

hbsi.com         mail exchanger = 10 mail.hbsi.com.
>
```

图 7.15　测试 MX 资源记录

5. 测试负载均衡

最早的负载均衡技术就是通过 DNS 来实现的,在 DNS 中为多个地址配置同一个名字,因而查询这个名字的客户端将得到其中一个地址,从而使得不同的客户访问不同的服务器,达到负载均衡的目的。DNS 负载均衡是一种简单而有效的方法,但是它不能区分服务器的差异,也不能反映服务器的当前运行状态,这是 DNS 负载均衡的一个缺点。

在测试本例的 DNS 负载均衡前,先在正向解析文件里加入负载均衡设置。测试负载均衡需要使用的查询类型为主机地址。如果当前查询类型不是主机地址,就应该在 nslookup 程序提示符下先使用命令"set type＝a"设置查询的类型为主机地址,然后输入要测试的负载均衡完全规范域名 FQDN,nslookup 会返回对应的所有的 IP 地址,如图 7.16 所示。

```
[root@localhost ~]# nslookup
> set type=a
> dns.hbsi.com
Server:          192.168.10.1
Address:         192.168.10.1#53

Name:    dns.hbsi.com
Address: 192.168.10.1
Name:    dns.hbsi.com
Address: 192.168.10.2
>
```

图 7.16　测试负载均衡

本 章 小 结

本章结合一个企业的 DNS 服务器的架设需求,详细讲述了 DNS 服务器和 DNS 客户端的配置过程。通过本章的学习,使学生掌握了 DNS 的架设过程,也了解了域名解析的相关知识。

实 训 练 习

【实训目的】:掌握命令模式 DNS 的安装与配置,掌握命令模式辅助 DNS 的配置方法。

【实训内容】:

(1) 安装 DNS 服务。

(2) 配置 DNS 服务器。

(3) 配置 DNS 客户端。

【实训步骤】：

（1）安装 DNS 服务。通过安装 DNS 服务器软件包安装两台 DNS 服务器，主域名服务器域名注册为 host1. wangluo. com，IP 地址为 192.168.8.1，辅助域名服务器的域名为 host2. wangluo. com，IP 地址为 192.168.8.2。

（2）根据需求修改主配置文件，设置正向解析和反向解析。

（3）配置 DNS 客户端。

（4）使用 nslookup 命令检查 DNS 服务器是否正常工作。

习　题

一、选择题

1. 域名服务中，哪种 DNS 服务器是必须的？（　　）

    A. 主域名服务器　　　　　　　　　　B. 辅助域名服务器

    C. 缓存域名服务器　　　　　　　　　D. 都必须

2. 一台主机的域名是 www. hbsi. com，对应的 IP 地址是 192.168.1.23，那么此域的反向解析域的名称是什么？（　　）

    A. 192.168.1. in-addr. arpa　　　　　B. 23.1.168.192

    C. 1.168.192-addr. arpa　　　　　　D. 23.1.168.192. in-addr. arpa

3. 在 Linux 下 DNS 服务器的主配置文件是以下哪个？（　　）

    A. /etc/named. conf

    B. /etc/chroot/named. conf

    C. /var/named/chroot/etc/named. conf

    D. /var/chroot/etc/named. conf

4. 在 DNS 配置文件中，用于表示某主机别名的是以下哪个关键字？（　　）

    A. CN　　　　　B. NS　　　　　C. NAME　　　　　D. CNAME

5. 配置 DNS 服务器的反向解析时，设置 SOA 和 NS 记录后，还需要添加何种记录？（　　）

    A. SOA　　　　　B. CNAME　　　　　C. A　　　　　D. PTR

6. 在 Linux 环境下，能实现域名解析的功能的软件模块是（　　）

    A. Telnet　　　　　B. Apache　　　　　C. Bind　　　　　D. Squid

7. DNS 域名系统主要负责主机名和什么之间的解析？（　　）

    A. IP 地址　　　　　B. MAC 地址　　　　　C. 网络地址　　　　　D. 主机别名

8. 下列哪个命令可以启动 DNS 服务？（　　）

    A. service name start　　　　　　　B. service dns start

    C. service named start　　　　　　D. /etc/init. d/dns start

9. 指定域名服务器位置的文件是（　　）

    A. /etc/hosts　　　　　　　　　　　B. /etc/networks

    C. /etc/resolv. conf　　　　　　　　D. /etc/named. conf

10. 关于 DNS 服务器，叙述正确的是哪项？（　　　）

A. DNS 服务器配置不需要配置客户端

B. 建立某个分区的 DNS 服务器时只需要建立一个主 DNS 服务器

C. 主 DNS 服务器需要启动 named 进程，而辅 DNS 服务器不需要

D. DNS 服务器的 root.cache 文件包含了根名字服务器的有关信息

二、简答题

1. 简述 DNS 服务器的查询模式。

2. 简述客户端域名搜索过程。

## 第 8 章

搭建 Web 服务器

学习目标

- 了解 Web 服务器的运行机制。
- 掌握 Apache 服务的安装。
- 理解并掌握 Apache 服务器的基本配置语句。
- 理解并掌握虚拟主机技术的使用。
- 掌握 Web 站点的维护与管理。

案例情景

对公司或企业来说，为了树立公司形象或进行产品推广，进行广告宣传是必不可少的手段。随着计算机网络的发展，除了可以在电视、广播、报纸等地方进行宣传，还可以将公司的特定产品、公司简介、客户服务等情况在网站中进行宣传。这样做的最大好处就是能够使成千上万的用户通过简单的图形界面就可以访问公司的最新信息及产品情况。

项目需求

为了提高公司的知名度，Web 网站成为了进行产品推广的重要手段之一。公司希望在自己的内部网络中架设一台 Web 服务器，能够实现 HTTP 文件的下载操作，同时也希望搭建动态网站，以满足客户的需要。

实施方案

使用 Red Hat Enterprise Linux 操作系统作为平台，具体的解决步骤如下。

(1) 为 Web 网站申请一个有效的 DNS 域名，以方便客户能够通过域名访问该网站。

(2) 为方便网络上的用户能够直接访问 Web 网站，最好使用默认的 80 端口。

(3) 对于公司的不同部门可以为其配置相应的二级域名或者是虚拟目录。

(4) 若公司需要搭建多个网站可以考虑使用虚拟主机技术实现。

(5) 若需要运行动态网站，需在 Web 服务器上启动并配置 ASP、ASP. NET 等环境。

8.1　认识 Web 服务

8.1.1　了解 Web 服务器

随着因特网技术的快速发展，万维网正在逐步改变人们的通信方式。在过去的十几年中，Web 服务得到了飞速的发展，用户平时上网最普遍的活动就是浏览信息、查询资料，而这些上网活动都是通过访问 Web 服务器来完成的，利用 IIS 建立 Web 服务器是目前世界上使用的最广泛的手段之一。

互联网的普及给各行各业带来了前所未有的商机,通过建设网站,展示公司的形象,拓展公司的业务。掌握网站的架设和基本管理手段是网络管理人员的必备技能。

Web 服务器也称为 WWW(World Wide Web)服务器,是指专门提供 Web 文件保存空间,并负责传送和管理 Web 文件和支持各种 Web 程序的服务器。

Web 服务器的功能如下:

- 为 Web 文件提供存放空间。
- 允许因特网用户访问 Web 文件。
- 提供对 Web 程序的支持。
- 架设 Web 服务器让用户通过 HTTP 协议来访问自己架设的网站。
- Web 服务是实现信息发布、资料查询等多项应用的基本平台。

Web 服务器使用超文本标记语言 HTML(HyperText Marked Language)描述网络的资源,创建网页,以供 Web 浏览器阅读。HTML 文档的特点是交互性。不管是文本还是图形,都能通过文档中的链接连接到服务器上的其他文档,从而使客户快速地搜索所需的资料。

8.1.2 了解 Web 服务的运行机制

Web 服务器同 Web 浏览器之间的通信是通过 HTTP 协议进行的。HTTP 协议是基于 TCP/IP 协议的应用层协议,是通用的、无状态的、面向对象的协议。Web 服务器的工作原理如图 8.1 所示。

图 8.1 Web 服务器的工作原理

从图 8.1 可以看出,一个 Web 服务器的工作过程包括以下几个环节:首先是建立连接,然后浏览器端通过网址或 IP 地址向 Web 服务器提出访问请求,Web 服务器接收到请求后进行应答,也就是将网页相关文件传递到浏览器端,浏览器接收到网页后进行解析并显示出来,下面分别作简要介绍:

(1) 连接:Web 浏览器与 Web 服务器建立连接,打开一个称为套接字(Socket)的虚拟文件,此文件的建立标志着连接成功。默认的 Web 服务端口号为 80,可以根据需要指定其他的端口号。

(2) 请求:Web 浏览器通过套接字向 Web 服务器提交请求。

(3) 应答:Web 服务器接到请求后进行事务处理,结果通过 HTTP 协议发送给 Web 浏览器,从而在 Web 浏览器上显示出所请求的页面。

(4) 关闭连接:当应答结束后,Web 浏览器与 Web 服务器必须断开,以保证其他 Web 浏览器能够与 Web 服务器建立连接。

Web 服务器的作用最终体现在对内容特别是动态内容的提供上,Web 服务器主要负责同 Web 浏览器交互时提供动态产生的 HTML 文档。Web 服务器不仅仅提供 HTML 文档,还可以与各种数据源建立连接,为 Web 浏览器提供更加丰富的内容。

8.1.3 认识 Apache

Apache 取自"a patchy server"的读音,意思是充满补丁的服务器。Apache 是 Apache 软件基金会维护开发的一个开放源代码的网页服务器。它本来只用于小型或试验 Internet 网络,后来逐渐扩充到各种 UNIX 系统中,尤其对 Linux 的支持相当完美。Apache 是世界上最流行的 Web 服务器软件,它可以运行在几乎所有广泛使用的计算机平台上,由于其可跨平台性和安全性,被越来越多的用户所青睐。

Apache 服务器采用模块化设计,功能强大、灵活,能运行在 Linux、UNIX 和 Windows 等平台。通用的语言接口支持 PHP、Perl、Python 等,流行的认证模块包括 mod_access、SSL、TLS、proxy 等。最新版本的 Apache 源代码软件包,可访问 http://httpd. apache. org 网站获得。

8.2 安装与测试 Apache 服务

8.2.1 安装 Apache 服务

在安装 Apache 服务前,应该给 Apache 服务器指定静态的 IP 地址、子网掩码等 TCP/IP 参数。为了更好地为客户端提供服务,Apache 服务器应拥有一个友好的 DNS 名称,以便 Apache 客户端能够通过该 DNS 名称访问 Apache 服务器。具体安装过程如下:

```
[root@localhost ~]#rpm -q httpd        //查询是否安装了 Apache 服务
```

若未安装,则应将光盘放到光驱中,加载光驱后,进入光驱加载点目录,然后采用以下命令进行安装。

```
[root@localhost ~]#mkdir /media/cdrom
[root@localhost ~]#mount /dev/cdrom   /media/cdrom
[root@localhost ~]#cd /media/cdrom/Packages
[root@localhost Packages]#rpm -ivh httpd-2.2.15-5.el6.i686.rpm
```

8.2.2 查询 Apache 软件包的安装位置

在安装完 Apache 服务器后,可以通过以下命令查看一下,软件包安装在系统的哪些位置了,具体操作如下:

```
/etc/httpd/conf              #Apache 配置文件存放目录
/etc/httpd/conf/httpd.conf   #Apache 的主配置文件
/etc/rc.d/init.d/httpd       #Apache 的服务管理脚本
/usr/sbin/apachectl          #Apache 守护进程启动程序
/usr/sbin/httpd              #Apache 服务的守护进程
```

```
/var/log/httpd                    #Apache 日志文件存放目录
/var/www                          #Apache 网站数据的存放目录
/var/www/html                     #Apache 的默认网站的根目录
```

8.2.3　管理 Apache 服务器

在 Linux 操作系统下,Apache 服务是通过 httpd 守护进程来进行启动的。默认情况下,该服务没有自动启动。在配置好 Apache 服务器后,为了让配置文件生效,应将该服务重新启动。可以通过 service 命令或通过脚本/etc/init.d/httpd 来实现 Apache 服务的基本管理。

1. 通过脚本管理 httpd 服务

启动 httpd 服务器:

```
/etc/rc.d/init.d/httpd start
```

重启 httpd 服务器:

```
/etc/rc.d/init.d/httpd restart
```

查询 httpd 服务器状态:

```
/etc/rc.d/init.d/httpd status
```

停止 httpd 服务器:

```
/etc/rc.d/init.d/httpd stop
```

2. 通过 service 命令管理 httpd 服务

启动 httpd 服务器:

```
service httpd start
```

重启 httpd 服务器:

```
service httpd restart
```

查询 httpd 服务器状态:

```
service httpd status
```

停止 httpd 服务器:

```
service httpd stop
```

3. 设置 httpd 服务自动加载

如果每次服务器启动后都要手工开启 httpd 服务,无形中就增加了管理员的负担。如果想让 Apache 服务随着系统的启动而自动加载,可以通过执行 ntsysv 命令或者是 chkconfig 命令来实现,具体命令为:

```
chkconfig   --level   35   httpd   on
```

```
httpd      0:off    1:off    2:off    3:on    4:off    5:on    6:off
```

8.2.4　测试 Apache 服务器

Apache 服务器启动成功后，在 Linux 服务器的 Mozilla 浏览器中，输入 http://127.0.0.1 或 http://localhost 并回车，即可看到 Apache 默认站点的内容了。对于其他主机，可通过"http://服务器 IP 地址或域名"的方式来访问该 Web 站点，具体如图 8.2 所示。

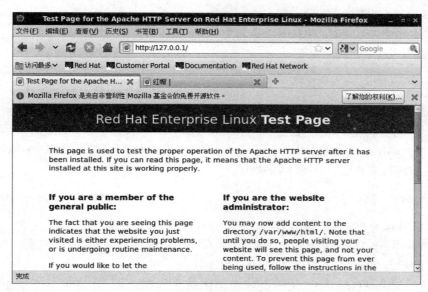

图 8.2　Apache 服务器的测试界面

8.3　配置 Apache 服务器

8.3.1　认识 Apache 服务器的配置文件

Apache 服务器的配置文件是包含了若干指令的纯文本文件，其主配置文件为/etc/httpd/conf/httpd.conf。

从整个文件来看，大概有 1000 多行，看似复杂，其实大多是以♯开头的注释行。整个配置文件总体上划分为三节（section），第一节为全局环境设置，主要用于设置 ServerRoot、主进程号的保存文件、对进程的控制、服务器侦听的 IP 地址和端口以及要装载的 DSO 模块等；第二节是服务器的主要配置指定位置；第三节用于设置和创建虚拟主机。

Apache 服务器启动时自动读取其内容，根据配置指令决定 Apache 服务器的运行。可以直接使用 vi 编辑器对该文件进行配置。配置后，必须将 httpd 服务进行重新启动，新的配置才会生效。

注意：

- 配置文件的注释符为"♯"。

- 配置指令的参数通常要区分大小写。
- 对于较长的配置命令若要多行表达,行末可使用反斜杠"\"换行继续表达。
- 检查配置文件语法时,可以使用 apachectl configtest 或 httpd -t ,而无需启动 Apache 服务器。

1. 全局环境配置

该部分的配置指令将影响整个 Apache 服务器,通常在配置文件的第一节,主要包括以下语句。

(1) ServerRoot。用于设置服务器的根目录,默认设置为/etc/httpd。命令用法为:

```
ServerRoot Apache 安装路径
```

(2) Timeout。服务器在断定请求失败前等待的秒数。超过该时间后,将断开连接。默认设置值为 60。

(3) KeepAlive。是否启用 HTTP 持久连接。开启 HTTP 持久连接,可以在同一个 TCP 连接中进行多次请求。命令用法为:

```
KeepAlive on|off
```

应该将值设为 on,以便提高访问性能。

(4) MaxKeepAliveRequests。用于设置在一个持续连接期间,允许的最大 http 请求数目。若设置为 0,则没有限制;默认设置为 100。

(5) KeepAliveTimeout。用于设置在关闭持久连接之前,等待下一个请求的秒数。超时后将断开持久连接。超时值设置越大,与空闲客户端保持连接的进程就越多,这将导致性能的下降,因此该值不能设置得太大。

(6) PidFile。此文件保存着 Apache 的父进程 ID,默认值为 run/httpd.pid。

(7) MaxClients。限制客户端同时访问的最大连接数。默认值为 256,如果达到此数,客户端就会收到"用户太多,拒绝访问"的错误提示,建议该值不要设置得过小。

(8) StartServers。启动时可以打开的 httpd 进程数,默认值为 8。

(9) MaxRequestsPerChild。限制每个 httpd 进程可以完成的最大任务数,默认值为 4000。

(10) Listen。Listen 命令告诉服务器接受来自指定端口或者指定地址的某端口的请求。如果 Listen 仅指定了端口,则服务器会监听本机的所有地址;如果指定了地址和端口,则服务器只监听来自该地址和端口的请求。默认配置为:

```
Listen 80
```

(11) User 与 Group。User 用于设置服务器以哪种用户身份来响应客户端的请求。Group 用于设置将由哪一组响应用户的请求。例如:

```
User apache
Group apache
```

（12）ExtendedStatus。用于检测 Apache 服务器的状态信息，默认值为 on。

2. 主服务器配置

该部分主要是用于配置 Apache 的主服务器，下面介绍常用的一些语句。

（1）ServerName。设置服务器用于辨识自己的主机名和端口号，该设置仅用于重定向和虚拟主机的识别。应对该项配置进行设置修改，并启用该项配置。

用法：

```
ServerName  完整的域名或 IP 地址[:端口号]
```

例如：

```
ServerName www.hbsi.com
```

或设置为：

```
ServerName www.hbsi.com:80
```

（2）ServerAdmin。用于设置 Web 站点管理员的 E-mail 地址。

用法：

```
ServerAdmin E-mail 地址
```

例如：

```
ServerAdmin root@localhost
```

（3）DocumentRoot。配置指定网站的根目录路径。

用法：

```
DocumentRoot  目录路径名
```

默认设置为：

```
/var/www/html
```

注意：目录路径名的最后不能加"/"，否则将发生错误。

（4）DirectoryIndex。用于设置网站的默认首页的网页文件名。可同时指定多个，各首页文件之间用空格分隔。

例如：

```
DirectoryIndex index.html index.html.var
```

（5）HostnameLookups。设置是否将访问日志中的主机 IP 地址反向解析为主机名或域名。

用法：

```
HostnameLookups off
```

建议设置为 off，否则将拖慢服务器。

（6）AccessFileName。设置 Apache 目录访问权限的控制文件，默认为 .htaccess，也

可以设置为其他的名字。

（7）DefaultType。当 Apache 不能自动识别某种文件类型时，就将自动将它当成文本文件处理，默认值为 text/plain。

（8）ErrorLog。用于指定服务器存放错误日志文件的文件及路径。

（9）LogLevel。用于设置记录在错误日志中的信息的详细程度。

（10）Access_log、LogFormat、CustomLog。Access_log 日志文件用于记录服务器处理的所有请求；CustomLog 用于指定 Access_log 日志文件的位置和日志记录的格式；LogFormat 用于定义日志的记录格式。

（11）ServerSignature。设置为 on 时，服务器出错所产生的页面会提示 Apache 的版本号、主机、端口等信息。

（12）DefaultLanguage。设置网页的默认语言。

（13）ErrorDocument。该指令让网站的管理员自定义对一些错误和问题的响应。用法为：

```
ErrorDocument error-code action
```

error-code 代表一个 3 位数字的 HTTP 响应状态码。被成功响应状态码以 2 开头，被重定向了以 3 开头，出错以 4 开头，服务器端错误以 5 开头。常见响应状态码与含义如表 8.1 所示。

表 8.1　常见错误响应状态码

响应状态码	含　　义	响应状态码	含　　义
400	错误请求	404	文件未找到
401	未授权访问	500	内部服务器错误
403	禁止访问	503	HTTP 服务暂时无效

action 代表出现该错误后的响应方式，可以是以下三种之一：

- 输出一个提示信息，要输出的文字信息用双引号括起来。
- 指定一个外部 URL 地址，以重定向到该外部 URL 地址。
- 指定一个内部 URL 地址，实现本地的重定向。

（14）容器与访问控制命令。容器指令通常用于封装一组指令，使其在容器条件成立时有效，或者用于改变指令的作用域。容器指令通常成对出现，具有以下格式特点：

```
<容器指令名　　参数>
...
</容器指令名>
```

Apache 常见的容器指令有<Directory>、<Files>、<Location>、<VirtualHost>等。具体容器指令的用法在后面的具体实例中进行讲解。

3. 虚拟主机的配置

虚拟主机的概念对于 ISP（因特网服务提供商）来讲非常有用，因为虽然一个组织可以将自己的网页挂在其他域名的服务器的下级网址中,但使用独立的域名和根网址更为正式,易为众人接受。一般来讲,必须自己设立一台服务器才能达到独立域名的目的,然而这需要维护一个单独的服务器,很多小企业缺乏足够的维护能力,所以更为合适的方式是租用别人维护的服务器。ISP 也没有必要为每一个机构提供一个单独的服务器,完全可以使用虚拟主机,使一台服务器为多个域名提供 Web 服务,而且不同的服务互不干扰,对外就表现为多个不同的服务器。

虚拟主机的默认配置如图 8.3 所示。具体配置见后文介绍。

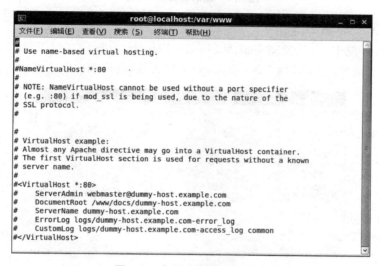

图 8.3　虚拟主机的默认配置

8.3.2　配置简单的 Apache 服务器

安装完 Apache 服务后,需要将 httpd 服务重新启动后 Apache 服务才能生效,默认情况下,Apache 在安装成功后就能提供服务了。下面讲述如何架设一台简单的 Apache 服务器。

1. 为 Apache 服务器设置静态的 IP 地址等参数信息

假如该服务器的 IP 地址为 192.168.10.1,具体可以通过如下命令实现:

ifconfig eth0 192.168.10.1 netmask 255.255.255.0

说明:该方法仅为 eth0 指定了一个临时的 IP 地址,若想为 eth0 设置一个永久的 IP 地址,需要修改网卡对应的配置文件。

2. 创建 Web 主目录

Linux 系统默认情况下会在主目录/var/www/html 目录中读取 Web 主页,该目录已经存在,无须再创建。

3. 创建 Web 主页

在 Apache 配置文件中,默认支持主页名有 index.html 和 index.html.var。在/var/www/html 目录下创建一个文件 index.html,并用 vi 编辑器编写该文件作为 Web 主页。

注意:如果用户想创建一个非系统默认支持的主页名,需要将该文件名添加到主配置文件/etc/httpd/conf/httpd.conf 的 DirectoryIndex 语句后。

4. 重新启动 Apache 服务

在将主配置文件 httpd.conf 配置后,需要重新启动服务,新的设置才会生效,如果出现如图 8.4 所示的界面,就说明 Apache 服务已经能够正常启动了。

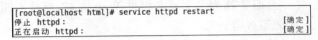

```
[root@localhost html]# service httpd restart
停止 httpd:                                          [确定]
正在启动 httpd:                                      [确定]
```

图 8.4　重启 Apache 服务

5. 测试 Apache 服务器

在 Linux 环境中,默认的浏览器为 Mozilla Firefox,在该浏览器下输入 Apache 服务器的 IP 地址或域名(需要指向 DNS 服务器)即可访问,具体如图 8.5 所示。

图 8.5　测试 Apache 服务器

8.3.3　配置每个用户的 Web 站点

配置每个用户的 Web 站点,是指在安装了 Apache 服务的本地计算机上,拥有用户账号的每个用户都能够架设自己独立的 Web 站点。例如,用户 user1 在自己的宿主目录/home/user1/public_html 中存放自己的主页文件,它就可以通过"http://IP 地址或域名/~user1"的 URL 地址来访问自己的个人主页。

要配置每个用户的 Web 站点,主要要经过以下配置步骤:

- 修改主配置文件/etc/httpd/conf/httpd.conf,启用基于每个用户的 Web 站点的配置。
- 在 httpd.conf 文件中,修改基于每个用户的 Web 站点目录配置访问控制。

具体操作步骤如下。

1. 修改主配置文件 httpd.conf

```
#vi /etc/httpd/conf/httpd.conf        //以 root 身份登录
//修改如下部分的配置
<IfModule mod_userdir.c>
    UserDir disable root              //禁止 root 使用自己的个人站点
    UserDir public_html               //配置对每个用户 Web 站点目录的设置
```

```
</IfModule>
//设置每个用户 web 站点目录的访问权限,将下面配置行前的#去掉
<Directory /home/*/public_html>
    AllowOverride FileInfo AuthConfig Limit
    Options MultiViews Indexes SymLinksIfOwnerMatch IncludesNoExec
    <Limit GET POST OPTIONS>
order allow,deny
Allow from all
    </Limit>
    <LimitExcept GET POST OPTIONS>
order deny,allow
Deny from all
    </LimitExcept>
</Directory>
```

2. 重新启动 httpd 服务

```
# service httpd restart
```

3. 用户为创建自己的 Web 站点需要执行的步骤

```
//以 user1(以 user1 用户为例)的身份登录系统
$ whoami                          //查看当前的用户
$ cd                              //回到用户的宿主目录的根
//以 user1 用户为例,相当于创建目录/home/user1/public_html
$ mkdir public_html
$ cd ..
$ chmod 711 user1                 //修改 user1 目录的权限
$ cd ~/public_html                //相当于进入/home/user1/public_html 目录
$ vi index.html                   //创建 index.html 主页
```

4. 访问网页
格式:

http://IP 地址或 FQDN/~用户名

例如,http://192.168.10.1/~user1,具体如图 8.6 所示。

图 8.6 用户访问自己的 Web 站点

8.3.4　访问控制、认证和授权

Apache 服务器的功能越来越多，配置也越来越复杂，也就意味着存在着许多潜在的危险性就越大。Apache 服务器的安全涉及许多方面，必须从整体的角度来解决安全的问题。这里主要从 Apache 服务器的访问控制、认证和授权方面来进行讲解，如何提高服务器的安全性。

1. 访问控制

Apache 使用下面的 3 个指令配置访问控制：

- Order：用于指定执行允许访问规则和执行拒绝访问规则的先后顺序。
- Deny：定义拒绝访问列表。
- Allow：定义允许访问列表。

(1) Order 指令有两种形式：

- Order Allow,Deny：默认情况下将会拒绝所有没有明确被允许的客户。
- Order Deny,Allow：默认情况下将会允许所有没有明确被拒绝的客户

(2) Deny 和 Allow。Deny 和 Allow 指令的后面需要跟访问列表，访问列表可以使用如下几种形式：

- All：表示所有客户。
- 域名：表示域内的所有客户。
- IP 地址。
- 网络/子网掩码。如：192.168.1.0/255.255.255.0。
- CIDR 规范。如 192.168.1.0/24。

(3) 访问控制配置举例。

① 设置 IP 地址（为 eth0 设置，再为 eth0:1 设置一个 IP 地址）：

```
ifconfig eth0 192.168.10.1
ifconfig eth0:1 192.168.10.11
```

② 配置 httpd.conf 主配置文件：

```
#vi /etc/httpd/conf/httpd.conf
//将下面配置行前的#去掉
<Location /server-info>
//由 mod_info 模块生成服务器配置信息
SetHandler server-info
//先执行 deny 规则再执行 allow 规则
Order deny,allow
Deny from all
Allow from 192.168.10.1          //拒绝所有的客户,只允许来自 192.168.10.1 的访问
</Location>
```

③ 重新启动 httpd 服务：

```
#service httpd restart
```

④ 创建 server-info 目录：

```
#cd /var/www/html
#mkdir server-info
```

⑤ 在 192.168.10.1 的主机上查看结果，如图 8.7 所示。

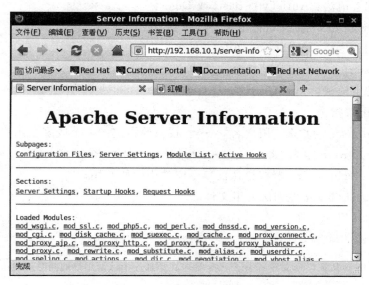

图 8.7　在被允许访问的主机上测试访问结果

在任意其他主机上试着访问主页，如在 192.168.10.11 的主机上访问，结果如图 8.8 所示。

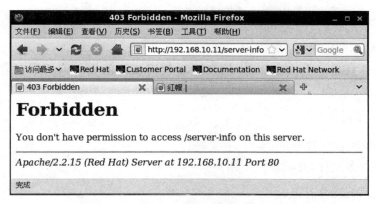

图 8.8　在未被允许访问的主机上测试访问结果

2. 认证和授权

大多数网站都是匿名访问，不需要验证用户身份。但是对于一些重要的 Web 网站来说，需要对访问的用户进行限制。Apache 服务器的实现方法是，将特定的资源限制为仅允许认证密码文件中的用户所访问。

（1）认证配置指令：

➢ AuthName：定义受保护领域的名称。

　　　配置语法：AuthName 领域名称

➢ AuthType：定义使用的认证方式。

　　　配置语法：AuthType Basic 或 Digest

➢ AuthGroupFile：定义认证组文件的位置。

　　　配置语法：AuthGroupFile 文件名

➢ AuthUserFile：指定认证口令文件的位置。

　　　配置语法：AuthUserFile 文件名

（2）授权配置指令：

- Require user 用户名［用户名］……?：授权给指定的一个或多个用户。
- Require group 组名［组名］…… ：授权给指定的一个或多个组。
- Require valid-user：授权给认证口令文件中的所有用户。

（3）管理认证口令文件和认证组文件。

① 管理认证口令文件。

创建新的认证口令文件

```
#htpasswd -c 认证口令文件名 用户名      //在添加一个认证用户的同时创建认证口令文件
```

修改认证口令文件

```
#htpasswd 认证口令文件名 用户名  //向现存的口令文件中添加用户或修改已存在的用户的口令。
```

认证口令文件的格式

```
用户名：加密的口令
```

② 管理认证组文件。

认证组文件只是一个文本文件，用户可以使用任何的文本编辑器对它修改。格式如下，

```
组名：用户名 用户名 ……
```

（4）认证与授权配置举例。

创建认证口令文件，并添加两个用户：

```
#mkdir /var/www/passwd
#cd /var/www/passwd
#htpasswd -c mima user2
#htpasswd mima user3
//将认证口令文件的属主改为 apache
#chown apache.apache mima
```

修改主配置文件：

```
#vi /etc/httpd/conf/httpd.conf
//添加如下的配置行
<Directory "/var/www/html/private">        //在此目录下任意编写一个文件
    AllowOverride None                      //不使用.htaccess 文件
    AuthType Basic                          //指定使用基本认证方式
    AuthName "mima"                         //指定认证领域名称
    AuthUserFile /var/www/passwd/mima
                    //指定认证口令文件的存放位置，其中 mima 为认证口令文件名
    require valid-user                      //授权认证口令文件中的所有用户
</Directory>
```

重新启动 httpd 服务：

```
#service httpd restart
```

建立目录及相关测试文件：

```
#mkdir /var/www/html/private
#cd private
#vi index.html
```

测试访问。

在地址栏中输入：http://192.168.10.1/private，然后输入认证口令文件中的用户名和密码即可访问网页，如图 8.9 所示。

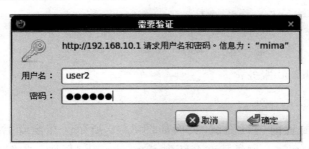

图 8.9　认证和授权测试页面

8.3.5　页面重定向

当用户经常访问某个 Web 网站时，可能会将该网站的 URL 收藏下来，以后在访问该网站时可以直接打开。但是如果该网站的地址发生了变化，用户再使用原来的 URL 地址就无法进行访问了，为了方便用户可以继续使用原来的 URL 地址访问，就需要设置页面重定向来实现了。

1. 页面重定向配置指令

命令语法为：Redirect［错误响应代码］用户请求的 URL［重定向的 URL］

其中常见的错误响应代码如下。

- 301：告知用户请求的 URL 已经永久地移到新的 URL，用户可以记住新的 URL，以便日后直接使用新的 URL 进行访问。
- 302：告知用户请求的 URL 临时地移到新的 URL，用户无需记住新的 URL，如果省略错误响应代码，默认就是此值。
- 303：告知用户页面已经被替换，用户应该记住新的 URL。
- 410：告知用户请求的页面已经不存在，使用此代码时不应该使用重定向的 URL 参数。

2. 页面重定向配置举例

（1）创建目录结构和页面：

```
#cd /var/www/html
#mkdir news old-news                          //同时建立两个目录
#mkdir news/march
#mkdir old-news/march
#echo "March news">news/march/index.html
#echo "March old news">old-news/march/index.html
```

在配置主文件前应当先测试，查看页面重定向之前页面的界面：

```
http://192.168.10.1/news/march 和 http://192.168.10.1/old- news/march
```

（2）编辑主配置文件：

```
#vi /etc/httpd/conf/httpd.conf
//添加如下行
Redirect    303    /old-news/march    http://192.168.10.1/news/march
```

（3）重新启动 httpd 服务：

```
#service httpd restart
```

（4）测试。在配置前进行测试，页面如图 8.10 所示。在配置后输入 http://192.168.10.1/old-news/march 网址后就会转到 news/march 目录下，如图 8.11 所示。

图 8.10　页面重定向前的测试页面

图 8.11　页面重定向后的测试页面

8.4　认识虚拟主机技术

在安装好 Apache 服务器后,直接将网站内容放到其主目录或虚拟目录中即可直接使用,但最好还是进行重新配置,以保证网站的安全。可以在一台服务器上建立多个虚拟主机,来实现多个 Web 网站,这样可以节约硬件资源,达到降低成本的目的。

虚拟主机(Virtual Host)是指在一台主机上运行的多个 Web 站点,每个站点均有自己独立的域名,虚拟主机对用户是透明的,就好像每个站点都在单独的一台主机上运行一样。

虚拟主机的概念对于 ISP(因特网服务提供商)来讲非常有用,因为虽然一个组织可以将自己的网页挂在其他域名的服务器上的下级网址上,但使用独立的域名和根网址更为正式,易为众人接受。一般来讲,必须自己设立一台服务器才能达到独立域名的目的,然而这需要维护一个单独的服务器,很多小企业缺乏足够的维护能力,所以更为合适的方式是租用别人维护的服务器。ISP 也没有必要为每一个机构提供一个单独的服务器,完全可以使用虚拟主机,使服务器为多个域名提供 Web 服务,而且不同的服务互不干扰,对外就表现为多个不同的服务器。

使用虚拟主机技术,通过分配 TCP 端口、IP 地址和主机头名,可以在一台服务器上建立多个虚拟 Web 网站,每个网站都具有唯一的由端口号、IP 地址和主机头名三部分组成的网站标识,用来接收来自客户端的请求,不同的 Web 网站可以提供不同的 Web 服务,而且每一个虚拟主机和一台独立的主机完全一样。虚拟技术将一个物理主机分割成多个逻辑上的虚拟主机使用,显然能够节省经费,对于访问量较小的网站来说比较经济实用,但由于这些虚拟主机共享这台服务器的硬件资源和带宽,在访问量较大时就容易出现资源不够用的情况。一般来讲,架设多个 Web 网站可以通过以下几种方式:

- 使用不同端口号架设多个 Web 网站。
- 使用不同 IP 地址架设多个 Web 网站。
- 使用不同主机头架设多个 Web 网站。

如果每个 Web 站点拥有不同的 IP 地址,则称为是基于 IP 的虚拟主机;每个 Web 站点拥有相同的 IP 地址,不同的端口号,则称为是基于端口的虚拟主机;若每个站点的 IP 地址相同,但域名不同,则称为基于域名的虚拟主机。使用这种技术,不同的虚拟主机可以共享同一个 IP 地址，以解决 IP 地址缺乏的问题。

要实现虚拟主机，首先必须用 Listen 指令告诉服务器需要监听的地址和端口，然后为特定的地址和端口建立一个＜VirtualHost＞段，并在该段中配置虚拟主机。

8.4.1　基于域名的虚拟主机

基于域名的虚拟主机技术就是要在域名服务器上将多个域名映射到同一个 IP 地址上，即所有虚拟主机共享同一个 IP 地址，各虚拟主机之间通过域名进行区分。

要建立基于域名的虚拟主机，在 DNS 服务器中应该创建多个 A 记录，以使它们解析到同一个 IP 地址。例如：

```
www.web1.com      IN      A      192.168.10.1
www.web2.com      IN      A      192.168.10.1
```

1. 虚拟主机的创建步骤

（1）在 DNS 服务器中为每个虚拟主机所使用的域名进行注册，让其能解析到服务器所使用的 IP 地址。

（2）在配置文件中使用 Listen 指令，指定要监听的地址和端口。Web 服务器使用标准的 80 号端口，因此一般可配置为 Listen 80，让其监听当前服务器的所有地址上的 80 端口。

（3）使用 NameVirtualHost 指令，为一个基于域名的虚拟主机指定将使用哪个 IP 地址和端口来接受请求。如果对多个地址使用了多个基于域名的虚拟主机，则对每个地址均要使用此指令。

用法：NameVirtualHost 地址［：端口］

示例：NameVirtualHost 61.186.160.104

（4）使用＜VirtualHost＞容器指令定义每一个虚拟主机。＜VirtualHost＞容器的参数必须与 NameVirtualHost 后面所使用的参数保持一致。

在＜VirtualHost＞容器中至少应指定 ServerName 和 DocumentRoot，另外可选的配置还有 ServerAdmin、DirectoryIndex、ErrorLog、CustomLog、TransferLog、ServerAlias、ScriptAlias 等。

2. 基于域名虚拟主机的配置实例

【示例 8-1】　在单一 IP 地址上运行多个基于域名的 Web 站点。

假设当前服务器的 IP 地址为 192.168.100.1，现要在该服务器创建 2 个基于域名的虚拟主机，使用端口为标准的 80，其域名分别为 www.myweb1.com 和 www.myweb2.com，站点根目录分别为/var/www/myweb1 和/var/www/myweb2，日志文件分别放在/var/vhlogs/myweb1/和/var/vhlogs/myweb2/目录下面，Apache 服务器原来的主站点采用域名 www.myweb.com 进行访问。

（1）注册虚拟主机所要使用的域名。

方法一：配置 DNS 服务器，以实现 IP 地址与域名的解析，详见项目 9 DNS 服务器的配置与管理。

方法二：在/etc/hosts 文件中加入以下语句：

192.168.100.1 www.myweb.com www.myweb1.com www.myweb2.com

（2）创建所需的目录。

```
[root@localhost ~]#     mkdir -p /var/www/myweb1
[root@localhost ~]#     mkdir -p /var/www/myweb2
[root@localhost ~]#     mkdir -p /var/vhlogs/myweb1
[root@localhost ~]#     mkdir -p /var/vhlogs/myweb2
```

（3）编辑 httpd.conf 配置文件，设置 Listen 指令侦听的端口。

Listen 80

（4）在 httpd.conf 配置文件的第 3 节中，添加对虚拟主机的定义，添加的配置内容为：

```
NameVirtualHost 192.168.100.1
<VirtualHost 192.168.100.1>
    ServerName www.myweb.com
    DocumentRoot /var/www/html
    ServerAdmin webmaster@myweb.com
</VirtualHost>
<VirtualHost 192.168.100.1>
    ServerName www.myweb1.com
    DocumentRoot /var/www/myweb1
     DirectoryIndex index.php index.php3 index.html index.htm default.html
default.html
    ServerAdmin webmaster@myweb1.com
    ErrorLog /var/vhlogs/myweb1/error_log
    TransferLog /var/vhlogs/myweb1/access_log
</VirtualHost>
<VirtualHost 192.168.100.1>
    ServerName www.myweb2.com
    DocumentRoot /var/www/myweb2
DirectoryIndex index.php index.php3 index.htm index.html default.htm
default.html
    ServerAdmin webmaster@myweb2.com
    ErrorLog /var/vhlogs/myweb2/error_log
    TransferLog /var/vhlogs/myweb2/access_log
</VirtualHost>
```

利用 DirectoryIndex 可为每个虚拟主机独立设置各主页文件的解析顺序。

（5）对用于存放 web 站点的目录，设置访问控制。

```
<Directory /var/www>
Options FollowSymLinks
```

```
AllowOverride None
Order deny,allow
Allow from all
</Directory>
```

（6）重启 Apache 服务器，以使配置生效。

```
[root@ localhost ~]#     service httpd restart
```

（7）测试虚拟主机。

【示例 8-2】 在多个 IP 地址上运行基于域名的 Web 站点。

假设服务器有两个 IP 地址，192.168.10.1 用于运行主服务器（www.wangluo. com），192.168.10.2 用于运行虚拟主机（www.wangluo1.com 和 www.wangluo2. com）。除了配置相应的域名外（在 DNS 服务器中进行配置），具体配置如下：

```
//编辑 httpd.conf 主配置文件，设置 Listen 指令侦听的端口。
Listen 80
//主服务器配置
ServerName www.wangluo.com
DocumentRoot /var/www/html
//虚拟主机配置
NameVirtualHost 192.168.10.2
<VirtualHost 192.168.10.2>
ServerName www.wangluo1.com
DocumentRoot /var/www/wangluo1
</VirtualHost>
<VirtualHost 192.168.10.2>
ServerName www.wangluo2.com
DocumentRoot /var/www/wangluo2
</VirtualHost>
```

对于服务器 192.168.10.2 之外的任何地上的 Web 请求，都将由主 Web 服务器进行响应。针对 192.168.10.2 主机则使用了基于域名的虚拟主机技术。

【示例 8-3】 在不同 IP 地址上运行相同的 Web 站点。

服务器有两个 IP 地址 192.168.0.1 和 172.16.0.1，位于内外网边界，域名 www. test.com 对外网来说解析到外部地址 172.16.0.1，对内网来说解析到 192.168.0.1。Web 站点可以响应来自内外部的 Web 请求，具体配置如下。

```
NameVirtualHost 192.168.0.1
NameVirtualHost 172.16.0.1
<VirtualHost 192.168.0.1 172.16.0.1>
ServerName www.test.com
DocumentRoot /var/www/html
</VirtualHost>
```

8.4.2　基于 IP 的虚拟主机

基于 IP 的虚拟主机拥有不同的 IP 地址，这就要求服务器必须同时绑定多个 IP 地址。这可通过在服务器上安装多块网卡，或通过虚拟 IP 接口来实现，即在一张网卡上绑定多个 IP 地址。

（1）为服务器安装多块网卡或为现有网卡绑定多个 IP 地址。

（2）配置基于 IP 地址的虚拟主机。首先利用 Listen 指令设置要侦听的 IP 地址和端口，然后在配置文件中直接利用＜VirtualHost＞容器配置虚拟主机即可。在配置段中 ServerName 和 DocumentRoot 仍是必选项，可选配置项有 ServerAdmin、ErrorLog、TransferLog 和 CustomLog 等。单一的 httpd 守护进程将伺服所有对主服务器和虚拟主机的 http 请求。

（3）基于 IP 地址的虚拟主机配置实例。

当前服务器有 192.168.100.1 和 192.168.100.2 两个 IP 地址，对应的域名分别为 www.example1.com 和 www.example2.com，试为其创建基于 IP 地址的虚拟主机，端口使用 80。这两个站点的根目录分别为/var/www/example1 和/var/www/example2。

① 为服务器安装多块网卡或为现有网卡绑定多个 IP 地址。

ifconfig eth0 192.168.100.1 netmask 255.255.255.0

ifconfig eth0:0 192.168.100.2 netmask 255.255.255.0

② 注册虚拟主机所要使用的域名。编辑/etc/hosts 文件，在文件中添加以下两行内容：

```
192.168.100.1    www.example1.com
192.168.100.2    www.example2.com
```

③ 创建 web 站点根目录。

```
[root@localhost ~]#    mkdir -p /var/www/example1
[root@localhost ~]#    mkdir -p /var/www/example2
```

④ 编辑 httpd.conf 配置文件，保证有以下 Listen 指令。

```
Listen 80
```

⑤ 配置虚拟主机。

```
<VirtualHost 192.168.100.1>
ServerName www.example1.com
DocumentRoot /var/www/example1
</VirtualHost>
<VirtualHost 192.168.100.2>
ServerName www.example2.com
DocumentRoot /var/www/example2
</VirtualHost>
```

⑥ 在/var/www/example1 和/var/www/example2 目录中，利用 vi 编辑器创建 index.html 主页文件。

⑦ 重启 Apache 服务器

```
[root@ localhost ~]#service httpd restart
```

⑧ 测试虚拟主机。在客户端中分别使用 192.168.100.1 和 192.168.100.2 进行访问可以浏览到不同的网页。

8.4.3　基于端口号的虚拟主机

基于端口号的虚拟主机技术是指所有主机共享同一个 IP 地址，各虚拟主机之间通过不同的端口号进行区分。在设置基于端口号的虚拟主机的配置时，需要利用 Listen 语句设置所监听的各个端口。

假设当前服务器的 IP 地址为 192.168.100.1，现要在该服务器创建 2 个基于域名的虚拟主机，域名分别使用 www.myweb3.com 和 www.myweb4.com，每个虚拟主机的 80 端口和 8080 端口，分别服务一个 Web 站点，其站点根目录分别为/var/www/myweb3-80 和/var/www/myweb3-8080、/var/www/myweb4-80、/var/www/myweb4-8080， www.myweb3.com 的 80 端口作为默认 Web 站点。

（1）在/etc/hosts 文件中注册虚拟主机所要使用的域名。

（2）创建所需的目录。

```
[root@ localhost ~]#    mkdir -p /var/www/myweb3-80
[root@ localhost ~]#    mkdir -p /var/www/myweb3-8080
[root@ localhost ~]#    mkdir -p /var/vhlogs/myweb4-80
[root@ localhost ~]#    mkdir -p /var/vhlogs/myweb4-8080
```

（3）编辑 httpd.conf 配置文件，设置 Listen 指令侦听的端口为 80 和 8080。

```
Listen 80
Listen 8080
```

（4）在 httpd.conf 配置文件的第 3 节中，添加对虚拟主机的定义，添加的配置内容为：

```
NameVirtualHost 192.168.100.1:80
NameVirtualHost 192.168.100.1:8080
<VirtualHost 192.168.100.1:80>
    ServerName www.myweb3.com
    DocumentRoot /var/www/myweb3-80
</VirtualHost>
<VirtualHost 192.168.100.1:8080>
    ServerName www.myweb3.com
    DocumentRoot /var/www/myweb3-8080
</VirtualHost>
```

```
<VirtualHost      192.168.100.1:80>
    ServerName    www.myweb4.com
    DocumentRoot    /var/www/myweb4-80
</VirtualHost>
<VirtualHost      192.168.100.1:8080>
    ServerName    www.myweb4.com
    DocumentRoot    /var/www/myweb4-8080
</VirtualHost>
```

（5）重启 Apache 服务器，以使配置生效。

```
[root@ localhost ~]#      service httpd restart
```

（6）利用 vi 编辑器，在各站点根目录分别创建一个内容不同的 index. html 文件。

（7）测试各 Web 站点。

8.5　维护与更新 Web 站点

维护和更新 Web 站点的最直接、最简单的方法就是直接在 Web 服务器上进行操作，但这种方法要求管理员必须在本地，假如管理员外出，就需要进行远程维护 Web 站点。远程维护方式主要有 FTP、WebDAV、远程管理软件等。这里主要介绍通过 FTP 维护 Web 站点和通过 WebDAV 维护 Web 站点。

8.5.1　通过 FTP 管理 Web 站点

FTP 也就是文件传输协议，通过 FTP 可以快速地实现文件的上传和下载，但是安全性相对比较差。虚拟主机或个人主页空间，大多都是让用户通过 FTP 来进行管理。

具体实现方案如下：

（1）将不同用户的虚拟主机站点内容放在不同的目录中，每个站点使用一个独立的目录，将其设置为相应的 Web 站点主目录。

（2）针对每个虚拟主机主目录，在 FTP 站点上以虚拟目录的形式建立相应的用户主目录。

（3）为用户主目录分配适当的写入或上载权限。

（4）启用磁盘配额功能，并设置各个虚拟主机的磁盘容量限额。

这样，管理员和开发人员只要使用 FTP 客户端软件或支持 FTP 功能的网站工具就可以对远程网站进行内容维护和更新了。

8.5.2　通过 WebDAV 管理 Web 站点

WebDAV 是 Web-based Distributed Authoring and Versioning 的缩写，称为 Web 分布式创作和版本控制。WebDAV 可以简化网站的更新方式，它使用户能够管理和修改远程系统中的文件，允许客户端直接查看、打开和编辑远程网站中的文件。

1. WebDAV 的特性

（1）WebDAV 让用户通过 HTTP 连接来管理服务器上的文件，包括对文件和目录的建立、删除、属性设置等操作。

（2）WebDAV 可使用 SSL 安全连接进一步提高安全性。

（3）用户编辑存储在 WebDAV 服务器中的文档时，可以锁定该文档以保证自己的修订不会被其他用户所覆盖。

（4）使用 WebDAV 版本控制，可以让用户获知文档的最新版本。

2. 在 Apache 服务器上配置 WebDAV

（1）检查相关的 WebDAV 模块是否加载，从 httpd.conf 配置文件中可检查到以下语句：

```
LoadModule dav_module modules/mod_dav.so
LoadModule dav_fs_module modules/mod_dav_fs.so
```

（2）在 httpd.conf 文件中全局配置部分使用 DavLockDB 指令定义 WebDAV 锁定数据库的目录。默认已配置，语句如下：

```
<IfModule    mod_dav_fs.c>
    DAVLockDB    /var/lib/dav/lockdb
<IfModule>
```

（3）在 httpd.conf 文件中设置 WebDAV 发布目录。为安全，通常对该目录的访问设置用户认证。下面以一个虚拟目录为例，具体的配置语句如下：

① 创建认证口令文件，并添加两个用户：

```
    mkdir /var/www/passwd
    cd /var/www/passwd
    htpasswd - c jamond user2
    htpasswd jamond user3
//将认证口令文件的属主改为 apache
    chown apache.apache jamond
```

② 在 httpd.conf 文件中设置 WebDAV 发布目录：

```
Alias    /testdav    /var/www/testdav    //定义虚拟目录
<Location    /testdav>                    //将/testdav 目录设置为 WebDAV 发布目录
Order    Allow,Deny
Allow    from    all
Dav    on                                 //使用 Dav 指令启用 WebDAV 功能
//以下设置对访问 WebDAV 目录的用户进行认证
AuthType Basic
AuthName    "WebDAV    Restricted"
AuthUserFile /var/www/passwd/jamond
<LimitExcept    GET    OPTIONS>
    Require    user user2
```

```
</LimitExcept>
</Location>
```

（4）根据需要使用 DavMinTimeout 指令设置 WebDAV 资源持续锁定的最短时间，超过这个时间锁定自动解除。可以进行全局设置，也可以对具体的目录进行设置。默认值为 0，表示不受限制，通常设置为 600（10 分钟）。

```
DavMinTimeout 600
```

（5）确认 Apache 的用户和组对要发布的目录具有读写权限。

```
chown  apache.apache  /var/www/testdav
chmod  750  /var/www/testdav
```

（6）重新启动 Apache 服务。

```
[root@ RHEL5 ~]# service httpd restart
```

3. 在 Linux 客户端中通过图形界面访问 WebDAV 资源

在 Red Hat Enterprise Linux 5 中，还支持通过图形化界面访问 WebDAV 资源，这样就更加方便了用户的管理，具体操作步骤如下。

（1）从桌面的菜单"位置"中选择"连接到服务器"命令，在打开的"连接到服务器"窗口中，将"服务类型"选择为"WebDAV（HTTP）"，然后分别在"服务器"和"文件夹"中设置要访问的 WebDAV 服务器及其发布目录，具体如图 8.12 所示。

（2）单击"连接"按钮，会出现如图 8.13 所示的界面，输入用于认证的用户名和密码。

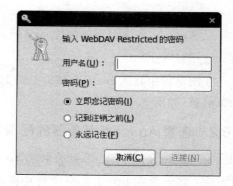

图 8.12　设置 WebDAV 服务器及其发布目录　　图 8.13　输入认证的用户名与密码

（3）单击"连接"按钮，就出现了如图 8.14 所示的界面，这样管理员就可以进入管理目录中的文件了。

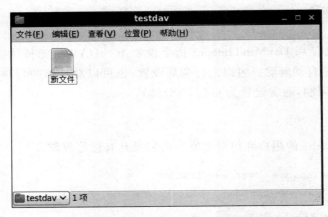

图 8.14 通过 WebDAV 管理的操作文件

8.6 管理 Apache 服务器

8.6.1 监视 Apache 服务器的状态

可以通过访问 http://服务器的 IP 地址/server-status 来查看服务器的当前状态。修改方法：将包含在 httpd.conf 文件中的下列语句前的注释符号删除，并将 Allow 指令的参数改为允许执行服务器监控的计算机的 IP 地址。

```
<Location /server-status>
    SetHandler    server-status
    Order    deny,allow
    Deny    from all
    Allow    from 192.168.10.1
</Location>
```

在浏览器中输入 http://192.168.10.1/server-status 就可以查看 Apache 服务器的状态信息，如图 8.15 所示。

8.6.2 查看 Apache 服务器的配置信息

可以通过访问 http://服务器的 IP 地址/server-info 来查看服务器的配置信息。修改方法：将包含在 httpd.conf 文件中的下列语句前的注释符号删除，并将 Allow 指令的参数改为允许执行服务器配置的计算机的 IP 地址。

```
<Location /server-info>
    SetHandler    server-info
    Order    deny,allow
    Deny    from all
    Allow    from 192.168.10.1
</Location>
```

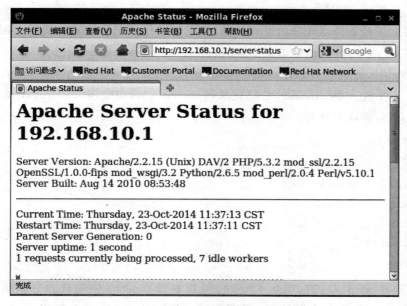

图 8.15 监视 Apache 服务器的状态

在浏览器中输入 http://192.168.10.1/server-info 就可以查看 Apache 服务器的状态信息。

8.6.3 查看 Apache 服务器日志

日志就是指日常工作的记录。管理员通过日志可以发现系统在运行过程中的工作记录及异常现象。通过日志管理员可以及时地发现系统的漏洞，从而更快地采取措施，解决问题。因而，对于管理员来说，查看和分析日志是非常重要的。

1. 检查错误日志

错误日志是最重要的日志文件，存放诊断信息和处理请求中出现的错误。默认为/var/log/httpd/error_log 文件。

可以使用以下命令实时监视最新的错误日志，以实时了解服务器上发生的问题。

```
tail -f 错误日志文件
```

例如，下面为一条错误日志记录：

```
[Sun Dec 22 08:12:10 2011] [error] [client 192.168.1.100] (13) Permission denied:
access to /~user1/ denied
```

每项都用[]括起来，第 1 项表示错误发生的时间，第 2 项表示错误的等级，第 3 项是客户端的地址，第 4 项表示具体的错误内容，上例中表示服务器不允许访问。

2. 使用 Webalizer 分析访问日志

Webalizer 是一款高效的、免费的 Web 服务器日志分析工具，默认内置在 Red Hat Enterprise Linux 5 中，分析结果为网页形式，也可以用图表方式显示，许多站点都使用它来进行日志分析。

访问日志记录服务器处理的所有请求,其文件路径和记录格式取决于主配置文件中的 CustomLog 指令,默认的日志文件为/var/log/httpd/access_log。

安装 Webalizer 时会在目录/etc/httpd/conf.d 中创建一个名为 webalizer.conf 的配置文件,该文件嵌入到 Apache 主配置文件 httpd.conf 中。webalizer.conf 用于配置 Webalizer 工具,默认设置为:

```
Alias     /usage    /var/www/usage
<Location    /usage>
    Order    deny,allow
    Deny     from all
    Allow from 127.0.0.1
    Allow from : : 1
  </Location>
```

例如,通过 http://127.0.0.1/usage 可以查看 Apache 访问日志分析结果。如果要从其他主机查看日志分析结果,需要修改 Allow 语句,然后重新启动 Apache 服务即可。

本 章 小 结

本章结合一个企业的 Web 服务器的架设需求,详细地讲述了 Web 服务器和 Web 客户端的配置过程。通过本章的学习,可以掌握 Web 的架设过程,了解 Web 的相关知识。

实 训 练 习

【实训目的】:掌握 Apache 服务器的使用。

【实训内容】:

(1) 设置 IP 地址、主目录。

(2) 安装 Apache 服务。

(3) 配置 Apache 服务器

【实训步骤】:

(1) 准备好 Apache 主目录、默认文档等。

(2) 安装 Apache 服务。

(3) 创建 Web 站点。

(4) 基于主机名、IP 地址等虚拟主机技术的使用。

(5) 测试 Apache 服务器是否能够正常访问。

习 题

一、选择题

1. Web 服务器使用的协议是（ ）。

    A. FTP   B. HTTP   C. SMTP   D. ICMP

2. 在 Red Hat Enterprise Linux 中手工安装 Apache 服务器时，默认的 Web 站点的目录为（ ）。

    A. /var/www/html   B. /var/http

    C. /var/httpd   D. /var/html

3. Apache 服务器默认侦听的端口是（ ）。

    A. 25   B. 21   C. 80   D. 110

4. 对于 Apache 服务器，提供子进程的默认用户是（ ）。

    A. user   B. httpd   C. http   D. apache

5. 存放用户主页的目录由主配置文件 httpd.conf 的（ ）参数设定。

    A. DocumentRoot   B. DirectoryIndex

    C. Document   D. Directory

二、简答题

1. 什么是虚拟主机？使用虚拟目录有什么好处？

2. 如何利用虚拟主机技术建立多个 Web 网站？

3. Apache 服务器主要有哪些访问控制技术？

4. Web 网站进行远程维护有哪些方式？WebDAV 有哪些特点？

## 第 9 章

搭建 FTP 服务器

学习目标

- 了解 FTP 服务的运行机制。
- 掌握 FTP 服务的安装。
- 掌握 FTP 服务器的配置。
- 熟悉 FTP 服务器的管理。

案例情景

如果网络管理员在外地出差,但 Web 服务器出现故障或需要维护,这时通过 FTP 进行数据处理是一种比较好的方式。自从有了互联网,通过网络来传输文件就一直是一件很重要的工作。在互联网诞生初期,FTP 就已经被应用在文件传输服务上,而且一直是文件传输服务的主角。FTP 服务是 Internet 上最早应用于主机之间进行数据处理传输的基本服务之一。

项目需求

某公司或企业在日常管理中,可能会遇到如下问题:

(1) 进行 Web 服务器的数据更新。

(2) 经常需要共享软件或文件资料等信息。

(3) 需要在不同的操作系统之间传输数据。

(4) 文件的尺寸较大。无法通过邮箱等工具传递。

架设 FTP 服务器就能解决此问题。

实施方案

面对着上述等问题时,该公司迫切需要建立能够实现进行上传或下载的服务,而 FTP 服务器就能解决这些问题,它能够方便用户快速访问各种所需资源。具体可以按照以下步骤实现:

(1) 建立 FTP 主目录。

(2) 将 FTP 服务器安装在 Web 服务器或文件服务器上,用来对 Web 或文件服务器进行数据维护。

(3) 根据客户需求,架设 FTP 站点。

9.1　认识 FTP 服务

FTP 服务器是指使用 FTP 实现在不同计算机之间进行文件传输的服务器,它通常提供分布式的信息资源共享,例如上传、下载或实现软件更新等。

9.1.1　了解 FTP 服务器

自从有了互联网以后,人们通过网络来传输文件是一件很平常很重要的工作。FTP (File Transfer Protocol,文件传输协议)是因特网上最早应用于主机之间进行文件传输的标准之一。FTP 工作在 OSI 参考模型的应用层,它利用 TCP(传输控制协议)在不同的主机之间提供可靠的数据传输。由于 TCP 是一种面向连接的、可靠的传输控制协议,所以它的可靠性就保证了 FTP 文件传输的可靠性。FTP 还具有一个特点就是支持断点续传功能,这样可以大大地减少网络带宽的开销。此外,FTP 还有一个非常重要的特点就是可以独立于平台,因此在 Windows、Linux 等各种常用的网络操作系统中都可以实现 FTP 的服务器和客户端。

一般有两种 FTP 服务器。一种是普通的 FTP 服务器,这种 FTP 服务器一般要求用户输入正确的用户账号和密码才能访问。另一种是匿名 FTP 服务器,这种 FTP 服务器一般不需要输入用户账号和密码就能访问目标站点。

9.1.2　了解 FTP 服务的运行机制

FTP 通过 TCP 传输数据,TCP 保证客户端与服务器之间数据的可靠传输。FTP 采用客户端/服务器模式,用户通过一个支持 FTP 协议的客户端程序,连接到远程主机上的 FTP 服务器程序。通过客户端程序向服务器程序发出命令,服务器程序执行用户所发出的命令,并将执行结果返回给客户端。客户端与服务器之间通常建立两个 TCP 连接,一个称为控制连接,另一个称为数据连接,如图 9.1 所示。控制连接主要用来传送在实际通信过程中需要执行的 FTP 命令以及命令的响应。控制连接是在执行 FTP 命令时,由客户端发起的通往 FTP 服务器的连接。控制连接并不传输数据,只用来传输控制数据传输的 FTP 命令集及其响应。数据连接用来传输用户的数据。在客户端要求进行上传和下载等操作时,客户端和服务器将建立一条数据连接。在数据连接存在的时间内,控制连接肯定是存在的,但是控制连接断开,数据连接会自动关闭。

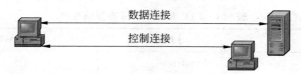

图 9.1　连接 FTP 服务器

当客户端启动 FTP 客户端程序时,首先与 FTP 服务器建立连接,然后向 FTP 服务器发出传输命令,FTP 服务器在收到客户端发来命令后给予响应。这时激活服务器的控制进程,控制进程与客户端进行通信。如果客户端用户未注册并未获得 FTP 服务器授权,也就不能使用正确的用户名和密码,即不能访问 FTP 服务器进行文件传输。如果服务器启用了匿名 FTP 就可以让用户在不需要输入用户名和密码的情况下,直接访问 FTP 服务器。

使用 FTP 传输文件时,用户需要输入 FTP 服务器的域名或 IP 地址。如果 FTP 服务器不是使用默认端口,则还需要输入端口号。当连接到 FTP 服务器后,提示输入用户名和密码,则说明该 FTP 服务器没有提供匿名登录。否则,用户可以通过匿名登录直接访问该 FTP 服务器。

9.1.3　了解 FTP 的数据传输模式

FTP 数据传输方式有两种：ASCII 方式和二进制方式。ASCII 方式又称文本方式 。客户端连接 FTP 服务器时,可以指定使用哪种传输方式。二进制方式的传输效率高,为提高效率,服务器通常会禁用 ASCII 方式,这样即使客户端选用 ASCII 方式,数据传输仍然使用二进制方式。

9.1.4　熟悉访问 FTP 的方式

用户可以通过匿名 FTP 和用户 FTP 的方式访问 FTP 服务器。作为 FTP 使用的账户,为了增强安全性,其 Shell 应设置为/sbin/nologin,以使用户账户只能用来登录 FTP,而不能用来登录 Linux 系统。

匿名 FTP 允许任何用户访问 FTP 服务器。匿名 FTP 登录的用户账户通常是 anonymous 或 ftp,一般不需要密码,有的则是以电子邮件地址作为密码。其登录主目录为/var/ftp,一般情况下匿名用户只能下载不能上传。匿名用户的权限很小,只能进行有限的操作。常用的 FTP 服务器通常只允许匿名访问。

用户 FTP 为已在 FTP 服务器上建立了特定账号的用户使用,必须以用户名和密码来登录。其登录目录为用户的宿主目录,本地用户既可以下载又可以上传文件。此种方式存在着一定的安全隐患,当用户与 FTP 服务连接时,密码通常是以明文的方式进行传递,这样使用系统的任何人都可以使用相应的程序获取该用户的账户和口令。

9.1.5　熟悉 FTP 客户端与服务器端程序

在 Linux 和 Windows 操作系统下,都可以进行 FTP 服务器的配置。在不同的操作系统下可以选择使用不同的软件去实现对 FTP 服务器的配置,具体如表 9.1 所示。

表 9.1　FTP 客户端与服务器端程序

	Linux 环境	Windows 环境
FTP 服务器程序	vsftpd	IIS
	Proftpd	Serv-U
	Wu-ftpd	
FTP 客户端程序	ftp 命令行工具	ftp 命令行工具
	gFTP	CuteFTPpro
	浏览器 Mozilla	浏览器 IE

1. vsftpd

vsftpd 是一款源代码开放的软件,"vs"是 very secure 的缩写,即"非常安全"的含义。vsftpd 是 Red Hat Enterprise Linux 6 内置的 FTP 服务器软件。它还具有许多其他的功能。

- 匿名 FTP 的设置简单性。
- 支持虚拟用户。
- 支持基于 IP 的虚拟 FTP 服务器。
- 支持 PAM 的认证方式。
- 支持带宽和单个用户连接数量的限制。

2. Wu-ftpd

Wu-ftpd 是曾经在 Internet 是非常流行的一款 FTP 服务器软件,其全称是 Washington University FTP。它的功能十分强大,Wu-ftpd 提供的菜单可以帮助用户轻松地实现对 FTP 服务器的配置。但是由于该程序组织比较混乱,因而安全性较差。

3. Proftpd

Proftpd 的全称是 Professional FTP Daemon。Proftpd 的开发者主要是针对 Wu-ftpd 的不足进行开发的一款 FTP 软件,在安全性方面有了很大的改进。它可以以独立模式和 xinetd 模式进行运行。Proftpd 很容易配置,运行速度较快,是一款非常好用的 FTP 软件。

9.2　安装 FTP 服务

9.2.1　安装 FTP 服务器

在安装 FTP 服务器前,应该给 FTP 服务器指定静态的 IP 地址、子网掩码等 TCP/IP 参数。

为了更好地为客户端提供服务,FTP 服务器应拥有一个友好的 DNS 名称,以便 FTP 客户端能够通过该 DNS 名称访问 FTP 服务器。

可以先通过以下的命令检查当前系统是否已经安装该软件包,具体操作命令如下。

```
[root@localhost ~]#rpm -q vsftpd
```

若未安装,则应将光盘放到光驱中,加载光驱后,进入光驱加载点目录,然后采用以下命令进行安装。

```
[root@localhost ~]#mkdir /media/cdrom
[root@localhost ~]#mount /dev/cdrom    /media/cdrom
[root@localhost ~]#cd /media/cdrom/Packages
[root@localhost Packages]#rpm -ivh vsftpd-2.2.2-6.el6.i686.rpm
```

9.2.2　查询 vsftpd 软件包的安装位置

在安装完 FTP 服务器后,可以通过以下命令查看一下,软件包安装在系统的哪些位置了,具体操作如下。

```
[root@ localhost Packages #rpm -pql vsftpd-2.2.2-6.el6.i686.rpm
/etc/logrotate.d/vsftpd.log              #日志文件
/etc/rc.d/init.d/vsftpd                  #vsftpd 服务进程管理脚本
/etc/vsftpd                              #vsftpd 相关配置文件的存放目录
/etc/vsftpd/ftpusers                     #用户访问控制配置文件
/etc/vsftpd/user_list
/etc/vsftpd/vsftpd.conf                  #vsftpd 的主配置文件
...
/var/ftp                                 #FTP 站点的根目录
/var/ftp/pub                             #FTP 根目录下的一个子目录
```

9.3　通过客户端访问 FTP 服务器

　　FTP 服务器搭建完成后,可以通过多种方式去访问 FTP 服务器。即可以通过命令行的方式进行访问,也可以通过 Web 浏览器或软件的方式进行访问。

9.3.1　通过 Web 浏览器访问 FTP 服务器

　　在浏览器中,利用"ftp://用户名:用户密码@IP 地址"或者"ftp://用户名@IP 地址"访问 FTP 服务器。例如,在浏览器中输入 ftp://user1@192.168.10.1,访问格式如图 9.2 所示。如果 URL 地址中不提供密码,系统将会弹出对应的对话框提示用户输入相应的密码。如果 FTP 服务器禁止匿名访问,系统也会弹出登录窗口,让用户输入用户名和密码。

图 9.2　通过浏览器连接 FTP 服务器

9.3.2　通过命令行访问 FTP 服务器

　　命令行工具是连接 FTP 服务器最简单、最直接的方式。大多数操作系统都带有 ftp 命令行工具,使用该工具连接到 FTP 服务器后,可以通过一系列的命令实现文件的传输操作,如图 9.3 为匿名用户登录 FTP 服务器的界面。
　　不同版本的系统 FTP 命令也不相同,不过相差不大。下面列出常用的连接 FTP 的命令,具体如表 9.2 所示。

```
root@localhost:~/桌面                          _  □  ×
文件(F)  编辑(E)  查看(V)  搜索 (S)  终端(T)  帮助(H)
[root@localhost 桌面]# ftp 192.168.10.1
Connected to 192.168.10.1 (192.168.10.1).
220 (vsFTPd 2.2.2)
Name (192.168.10.1:root): ftp
331 Please specify the password.
Password:
230 Login successful.
Remote system type is UNIX.
Using binary mode to transfer files.
ftp>
```

图 9.3 使用命令行连接 FTP 服务器

表 9.2 FTP 客户端连接命令

命　　令	说　　明
open host[port]	建立指定 ftp 服务器连接,可指定连接端口
close/disconnect	中断与远程服务器的 ftp 会话(与 open 对应)
bye/quit	退出 ftp 会话过程
lcd 本地目录	将本地工作目录切换至相应的目录
cd 远程目录	进入远程主机目录
ls 远程目录	显示远程目录
! ls 本地目录	显示本地目录
delete remote-file	删除远程主机文件
mdelete [remote-file]	删除远程主机上的多个文件
rename	更改远程主机文件名
mkdir dir-name	在远程主机上建立一目录
mdir dir-name	删除远程主机目录
put local-file [remote-file]	将本地文件 local-file 传送至远程主机
mput local-file	将多个文件传输至远程主机
get remote-file [local-file]	将远程主机的文件 remote-file 传至本地硬盘的 local-file
mget remote-files	传输多个远程文件
pwd	检查当前在 FTP 服务器中的位置
!pwd	检查当前在本地的位置

9.4 配置 vsftpd 服务器

　　系统只要正确地安装了 vsftpd 软件包,无须配置直接就可以启动 vsftpd 服务了。但是,若要配置一个功能完善、符合企业需求的 FTP 服务器,还需要对 vsftpd 服务器进行定制，通过添加或修改部分配置语句，来实现对 FTP 服务器的整体配置。

9.4.1　了解 vsftpd 主配置文件

vsftpd 的配置文件存放在/etc/vsftpd 目录中，有 ftpusers、user_list 和 vsftpd.conf 等配置文件。对 vsftpd 服务器的配置，通过 vsftpd.conf 主配置文件来实现。ftpusers 和 user_list 属于可选的辅助配置文件。ftpusers 用于定义不允许登录 FTP 服务器的用户列表。user_list 用于定义允许或不允许登录 FTP 服务器的用户列表，是允许还是不允许由 userlist_deny 配置项进一步设置。

/etc/vsftpd/vsftpd.conf 是一个文本文件，可以通过任意的文本编辑器进行编辑，每行一个注释或指令，注释行以＃开头，格式为：

选项=选项值

注意：每个配置命令的"＝"两边不要留有空格。

vsftpd 提供的配置命令较多，默认配置文件只列出了最基本的配置命令，很多配置命令在配置文件中并未列出来。下面就分别介绍主配置文件中的部分语句。

1. 登录和对匿名用户的设置

anonymous_enable＝YES：设置是否允许匿名用户登录 FTP 服务器。

no_anon_password＝YES：匿名用户登录时是否询问口令。设置为 YES，则不询问。

anon_word_readable_only＝YES：匿名用户是否允许下载可阅读的文档，默认为 YES。

anon_upload_enable＝YES：是否允许匿名用户上传文件。只有在 write_enable 设置为 YES 时，该配置项才有效。

anon_mkdir_write_enable＝YES：是否允许匿名用户创建目录。只有在 write_enable 设置为 YES 时有效。

anon_other_write_enable＝NO：设置匿名用户是否拥有删除和修改权限。默认为 NO。

local_enable＝YES：设置是否允许/etc/passwd 中的系统账户登录 FTP 服务器。

write_enable＝YES：设置登录用户是否具有写权限。

2. 设置用户登录后所在的目录

local_root＝/var/ftp：设置本地用户登录后所在的目录。默认的配置文件中没有设置该项，用户登录 FTP 服务器后，所在的目录为该用户的主目录，对于 root 用户，则为/root 目录。

anon_root＝/var/ftp：设置匿名用户登录后所在的目录。若未指定，则默认为/var/ftp 目录。

3. 设置欢迎信息

ftpd_banner：设置用户登录 FTP 服务器成功后，服务器向登录用户输出的欢迎信息。

banner_file＝/etc/vsftpd/banner：设置用户登录时，显示指定文件中的欢迎信息。

该设置项将覆盖 ftpd_banner 的设置。

dirmessage_enable＝YES：设置是否显示目录消息。若设置为 YES，则当用户进入目录时，将显示该目录中的由 message_file 配置项指定的文件(.message)中的内容。

message_file＝.message：设置目录消息文件。可将要显示的信息存入该文件。

4. 控制用户是否允许切换到上级目录

要将登录用户限制在 FTP 站点的根目录之内，不允许切换到上级目录，有以下两种配置方式。

（1）配置所有登录用户都不能改变自己的 FTP 根目录，被限制在 FTP 站点根目录之内。

在 vsftpd.conf 配置文件中，添加以下配置项即可。

```
chroot_local_user=YES
```

添加该配置项之后，重启 vsftpd 服务。

（2）配置指定的部分账户不允许更改根目录，被限制在根目录之内。

chroot_list_enable＝YES ：设置是否启用 chroot_list_file 配置项指定的用户列表文件。

chroot_list_file＝/etc/vsftpd/chroot_list：设置用户列表文件，该文件中的用户不允许更改目录，被限制在根目录之内。

在 vsftpd.conf 配置文件中，将 chroot_local_user＝YES 配置项注释掉，添加以下配置项。

```
chroot_list_enable=YES
chroot_list_file=/etc/vsftpd/chroot_list
```

利用 vi 编辑器创建 chroot_list 文件，在该文件中添加 ftp 账户。

```
[root@RHEL5 ~]#vi /etc/vsftpd/chroot_list
ftp
```

重新启动 vsftpd 服务，再利用 ftp 验证用户能否更改根目录。

5. 设置访问控制

设置允许或不允许访问的主机。

tcp_wrappers＝YES：设置 vsftpd 服务器是否与 tcp_wrapper 相结合，进行主机的访问控制。默认设置为 YES，vsftpd 服务器会检查/etc/hosts.allow 和/etc/hosts.deny 中的设置，以决定请求连接的主机，是否允许连接访问该 FTP 服务器，这两个文件可以起到简易防火墙的功能。

例如，要允许 192.168.168.1-192.168.168.254 的用户，可以访问连接 vsftpd，则可在/etc/hosts.allow 文件中添加以下内容：

```
vsftpd:192.168.168. :allow
all: all: deny
```

6. 设置访问速度

anon_max_rate＝0：设置匿名用户所能使用的最大传输速度，单位为字节/秒。若设置为0，则不受速度限制，此为默认值。

local_max_rate＝0：设置本地用户所能使用的最大传输速度。默认为0，不受限制。

7. 定义用户配置文件所在的目录

user_config_dir＝/etc/vsftpd/userconf：用于设置用户配置文件所在的目录。

设置了该配置项后，系统就会到/etc/vsftpd/userconf 目录中，读取与当前用户名相同的文件，并根据文件中的配置命令，对当前用户进行更进一步的配置。

8. 与连接相关的设置

listen＝YES：设置 vsftpd 服务器是否以 standalone 模式运行。

max_clients＝0：设置 vsftpd 允许的最大连接数，默认为0，表示不受限制。

max_per_ip＝0：设置每个 IP 地址允许与 FTP 服务器同时建立连接的数目。

listen_address＝IP：设置在哪个 IP 地址上侦听用户的请求。

accept_timeout＝60：设置以被动模式进行数据传输时，主机启用被动端口（passive port）并等待客户端建立连接的超时时间，单位为秒。超时后将强制断开连接。

connect_timeout＝120：设置以 PORT 模式连接服务器的命令通道的超时时间。

data_connection_timeout＝120：设置建立 FTP 数据传输通道的超时时间，单位为秒，默认为120秒。

idle_session_timeout＝600：设置多长时间不对 FTP 服务器进行任何操作，则断开该 FTP 连接，单位为秒，默认为600秒。

9. FTP 工作方式与端口设置

listen_port＝21：设置 FTP 服务器建立连接所侦听的端口，默认值为21。

connect_from_port_20＝YES：默认值为 YES，指定 FTP 数据传输连接使用20端口。若设置为 NO，则进行数据连接时，所使用的端口由 ftp_data_port 指定。

ftp_data_port＝20：设置 PORT 方式下 FTP 数据连接所使用的端口。

pasv_enable＝YES|NO：若设置为 YES，则使用 PASV 工作模式；若设置为 NO，使用 PORT 模式。

pasv_max_port＝0：设置在 PASV 工作方式下，数据连接使用的端口范围的上界。默认值为0，表示任意端口。

pasv_min_port＝0：设置在 PASV 工作方式下，数据连接可以使用的端口范围的下界。

10. 设置传输模式

FTP 在传输数据时，可使用二进制方式，也可使用 ASCII 模式。

ascii_download_enable＝YES：设置是否启用 ASCII 模式下载数据。

ascii_upload_enable＝YES：设置是否启用 ASCII 模式上传数据。

11. 设置上传文档的所属关系和权限

（1）设置匿名上传文档的属主。

chown_uploads＝YES：用于设置是否改变匿名用户上传的文档的属主。默认为

NO。若设置为 YES,则匿名用户上传的文档的属主将被设置为 chown_username 配置项所设置的用户名。

chown_username=whoever：设置匿名用户上传的文档的属主名。建议不要设置为 root 用户。

（2）新增文档的权限设定。

local_umask = 022：设置本地用户新增文档的 umask,默认为 022,对应的权限为 755。

Anon_umask=022：设置匿名用户新增文档的 umask。

file_open_mode=755：设置上传文档的权限。权限采用数字格式。

12. 日志文件

xferlog_enable=YES：是否启用上传/下载日志记录。

xferlog_file=/var/log/vsftpd.log：设置日志文件名及路径。

xferlog-std_format=YES：日志文件是否使用标准的 xferlog 格式。

9.4.2　配置 FTP 本地用户访问

默认情况下 FTP 服务器只支持匿名用户的访问,使用/etc/passwd 中的其他本地账户无法登录。对于 root 账户,SELinux 安全系统更是严格限制 root 账户登录 FTP 服务器。但匿名用户只支持下载文件不支持上传文件。若想实现既下载又上传文件,就需要使用"本地用户"了,本地用户是指在 FTP 服务器主机上存在的用户账户的用户。

1. 允许本地账户登录的相关配置和配置文件

要允许本地账户登录,需要在/etc/vsftpd/vsftpd.conf 配置文件中设置并启用配置项:

```
local_enable=YES
```

在/etc/vsftpd 配置文件目录中,ftpusers 配置文件设置了不允许登录 FTP 服务器的账户,其中就包括 root 账户。

user_list 配置文件中设置的账户是否允许登录,是由主配置文件中的 userlist_deny 配置项决定的。userlist_deny=YES,表示 user_list 文件中的账户不允许登录 FTP 服务器。userlist_deny=NO,则只有 user_list 文件中指定的账户才能登录 FTP 服务器。

2. 配置用户主目录

用户的主目录是用户登录到 FTP 服务器后所在的位置。默认情况下,本地用户登录 FTP 后将进入该用户在系统中所在的主目录,例如 user1 用户登录 FTP 服务器后进入/home/user1 目录,目录名与用户名相同。

根据不同的 FTP 用户登录 FTP 根目录不同的特点,最好将用户的 Web 站点根目录与该用户的 FTP 站点目录设置成同一目录,这样便于用户利用 FTP 访问远程 Web 站点的目录和文件。

3. 配置允许 root 账户登录 FTP 服务器

（1）创建本地非匿名账户登录成功后,所进入的是 FTP 站点的根目录。

```
[root@localhost ~]#mkdir /var/ftproot
```

（2）修改/etc/vsftpd/vsftpd.conf 文件，设置或添加以下配置项：

```
local_enable=YES
userlist_deny=NO
local_root=/var/ftproot
```

（3）编辑修改 ftpusers 配置文件，从中将 root 账户删除，然后保存该文件。再编辑修改 user_list 配置文件，保留 root 账户，将其他的账户删除，再添加 ftp 账户到该配置文件中。

（4）检查是否启用了 SELinux 安全系统。若启用了，则以 root 账户登录时会出错并且无法实现登录。

通常可以通过以下两种方式进行解决：

方法一，检查和禁用 SELinux 安全系统：

```
[root@localhost ~]#vi /etc/selinux/config
```

将 SELinux 配置项的值由原来的 enforcing 更改为 disabled，禁用 SELinux 安全系统，然后重新启动 Linux 系统让其生效。

方法二，临时改变 SELinux 的运行模式：

在命令行中执行 setenforce 0 命令，设置 SELinux 为 permissive 模式，此时 root 账户可以登录 FTP 服务器；

执行 setenforce1 命令，设置 SELinux 为 enforcing 模式，此时 root 无法登录 FTP 服务器。

这种设置方式即时生效，并且不需要重启 vsftpd 服务。

（5）重启 vsftpd 服务，然后使用 root 账户登录进行测试。

9.5　管理用户磁盘配额

为了增强 vsftpd 服务器的安全性，应该对用户使用 FTP 服务器的磁盘空间情况进行设置。磁盘配额（disk quota）用于限制各用户或用户组所允许使用的磁盘空间的大小。vsftpd 本身不支持磁盘空间管理，可以利用 Linux 系统的磁盘配额管理功能来实现，即使用 quota 命令为用户进行配额的设置。配额设置完成后，当用户上传的文件大小超过空间限制时，系统会发出警告，提示超出磁盘配额。

9.5.1　安装磁盘配额软件包

为了使 Linux 系统支持磁盘配额，必须要安装支持配额管理的 quota 软件包。可使用以下命令检查是否安装。

```
[root@localhost ~]#rpm -q quota
```

若未安装，可在安装光盘中找到 quota-3.17-10.el6.i686.rpm 软件包通过 rpm -q 命令进行安装。

9.5.2　配置磁盘配额

（1）修改/etc/fstab 配置文件，指定要进行磁盘配额管理的文件系统。

对于要启用磁盘配额的文件系统，要在/etc/fstab 配置文件中进行指定，指定方法即是在该文件系统配置行的第 4 列中，添加 usrquota 和 grpquota。

在根目录中启用配额，方法为：用 vi 编辑/etc/fstab 文件，将 LABEL＝/这行的第 4 列，添加 usrquota 和 grpquota，添加后的内容如图 9.4 所示。

```
[root@RHEL5~]#vi /etc/fstab
LABEL=/              /              ext3     defaults,usrquota,grpquota   1   1
LABEL=/boot          /boot          ext3     defaults                     1   2
/dev/sda3            swap           swap     defaults                     0   0
none                 /proc          proc     defaults                     0   0
none                 /dev/pts       devpts   gid=5,mode=620               0   0
/dev/fd0             /mnt/floppy    auto     noauto,owner,kudzu           0   0
```

图 9.4　启用磁盘配额的文件系统

（2）重新启动 Linux 或者直接执行以下命令重新挂载根分区文件系统，让修改生效。

```
[root@ localhost ~]#mount -o remount,defaults,usrquota,grpquota
```

（3）建立磁盘配额文件。

对文件系统启用磁盘配额后，接下来就可使用 quotacheck 命令，检查启用了磁盘配额的文件系统，并为每个文件系统建立一个当前磁盘用量表，并创建出磁盘配额文件。

quotacheck 命令的用法为：

```
quotacheck [-cvbugm] -a | filesystem
```

参数说明：

-c：创建新的磁盘配额文件，对于已存在的磁盘配额文件，将被覆盖重写。

-b：在创建磁盘配额文件时，对已存在的配额文件先备份，备份文件名多一个"～"符号。

-v：在检查过程中显示检查进度和检查结果等详细信息。

-u：创建用户磁盘配额文件（aquota.user），该文件位于根目录下面。为默认值，可缺省。

-g：创建用户组磁盘配额文件（aquota.group），位于根目录下面。

-m：强行进行检查。对根目录文件系统检查时，由于正在使用，会报错，可使用-m 参数，强行进行检查。

-a：对所有启用了磁盘配额的文件系统进行检查。

filesystem：代表指定要检查的文件系统名。比如根目录文件系统，则表示为：/

例如，若要对根目录文件系统进行磁盘配额检查，并生成用户和用户组磁盘配额文件，则实现的操作命令为：

```
[root@ localhost ~]#quotacheck -acugvm
```

```
quotacheck: Scanning /dev/sda2 [/] done
quotacheck: Checked 5673 directories and 101540 files
```

命令执行成功后,将在根目录下生成用户磁盘配额文件 aquota. user 和用户组磁盘配额文件 aquota. group。

(4) 为用户和用户组设置磁盘配额

设置磁盘配额使用 edquota 命令,该命令将调用 vi 编辑,来完成用户磁盘配额的显示和设置,命令用法为:

```
edquota [-u | -g] [-f 文件系统] 用户名
```

其中:

-u:表示编辑用户的磁盘配额,此为默认值,可以缺省

-g:代表编辑用户组的磁盘配额

-f:用于指定要进行磁盘配额的文件系统名

例如,若要对 webftp1 用户设置磁盘配额限制,则操作命令为:

```
[root@ RHEL5 ~]# edquota -u webftp1 -f /
Disk quotas for user webftp1(uid 101):
Filesystem   blocks   soft   hard   inodes   soft   hard
 /dev/sda2   12 272     0      0       5       0      0
```

执行命令后,系统进入 vi 编辑器,并在编辑器中显示出以上内容。

硬限制:磁盘配额的绝对限制,设置了 quota 的用户不能超越此限制。

软限制:超越此限制时,系统将警告用户将到达最大磁盘配额限制,超过过渡期后,任何对磁盘的额外需求将被立即拒绝。

过渡期:软限制可以在一段时期内被超过使用。过渡期可以用秒、分、小时等表示。

若要设置用户软限制可使用的磁盘块数为 55 000,硬限制块数为 52 000,可使用的 i 节点数不受限制,则将其修改为以下形式,并存盘退出即可。

```
Filesystem   blocks   soft     hard    inodes   soft   hard
 /dev/sda2   12 272  55 000   52 000     5       0      0
```

对于一个用户组进行配额后,则该组中的成员,都将受到此限制。

(5) 设置或修改过渡期。为软限制设置过渡期,可使用带-t 参数的 edquota 命令来实现,其命令用法为:

```
edquota -t
[root@ localhost ~]# edquota -t
```

(6) 查看用户或用户组的磁盘配额。使用 quota 命令,可查看用户或用户组当前的磁盘配额设置,其命令用法为:

```
quota [-u | -g] 用户名或组名
```

其中,-u 参数代表查看用户的用户配额,为默认值,可缺省;-g 代表查看用户组的磁

盘配额。

例如，若要查看 webftp1 用户的磁盘配额情况，则操作命令为：

```
[root@ localhost ~]#quota -u webftp1
```

例如，查看 webftp2 的磁盘配额情况，则操作命令如下：

```
[root@ localhost ~]# quota webftp2
Disk quotas for user webftp2(uid 102): none          //说明该用户还未设置配额
```

对于 root 用户，可以使用"repquota -a"或"repquota / "命令，检查并输出所有用户的配额情况。

```
[root@ localhost ~]# repquota -a | less
```

（7）启用与禁用磁盘配额。

启用磁盘配额。可以使用 quotaon 命令，其命令用法为：

```
quotaon  -avug
```

参数说明：

-u：代表启用用户磁盘配额，为默认值，可缺省；

-g：代表用户组；

-v：代表为每个开启或关闭限额的文件系统显示相关信息；

-a：代表所有配置了磁盘配额的文件系统。

禁用文件系统的磁盘配额。可以使用 quotaoff 命令来实现，其命令用法为：

```
quotaoff  -avug
```

9.6　管理 FTP 服务器

9.6.1　管理 FTP 服务器

在 Linux 操作系统下，FTP 服务是通过 vsftpd 守护进程来进行启动的。默认情况下，该服务没有自动启动。在配置好 FTP 服务器后，为了让配置文件生效，应该将该服务进行重新启动。可以通过 service 命令或启动脚本/etc/init.d/vsftpd 来实现 FTP 服务的基本管理。

1. 通过脚本管理 vsftpd 服务

启动 vsftpd 服务器：

```
/etc/rc.d/init.d/vsftpd start
```

重启 vsftpd 服务器：

```
/etc/rc.d/init.d/vsftpd restart
```

查询 vsftpd 服务器状态：

```
/etc/rc.d/init.d/vsftpd status
```

停止 vsftpd 服务器：

```
/etc/rc.d/init.d/vsftpd stop
```

2. 通过 service 命令管理 vsftpd 服务

启动 vsftpd 服务器：

```
service vsftpd start
```

重启 vsftpd 服务器：

```
service vsftpd restart
```

查询 vsftpd 服务器状态：

```
service vsftpd status
```

停止 vsftpd 服务器：

```
service vsftpd stop
```

3. 设置 vsftpd 服务自动加载

如果每次服务器启动后都要手工开启 vsftpd 服务，无形中就增加了管理员的负担，如果想让 FTP 服务随着系统的启动而自动加载，可以通过执行 ntsysv 命令或者是 chkconfig 命令来实现，具体命令为：

```
chkconfig  --level 235 vsftpd on
vsftpd  0:off  1:off  2:on  3:on  4:off  5:on  6:off
```

9.6.2　查看和分析日志

对于管理员来说，应该经常查看服务器的日志，以便了解系统的运行状态。日志记录存放在/var/log/xferlog 文件中。用户可以使用 vi 编辑器进行查看，每行一条记录。

9.7　配置 FTP 服务器案例

9.7.1　配置本地组访问的 FTP 服务器

【示例】　本地组 softgroup 有 3 个用户 soft1、soft2 和 soft3，其中 soft1 对 FTP 有读写（包括列文件目录、上传和下载）权限，而 soft2 和 soft3 对 FTP 只有读（包括列文件目录、下载）的权限。

为了实现这种功能，需要借助本地文件系统的权限设置来实现，具体步骤如下。

```
//创建本地组的 FTP 服务器目录
#mkdir -p   /var/local-ftp/softgroup
//创建本地用户和组
```

```
#groupadd softgroup
#useradd -G softgroup -d /var/local-ftp/softgroup -M soft1
#useradd -G softgroup -d /var/local-ftp/softgroup -M soft2
#useradd -G softgroup -d /var/local-ftp/softgroup -M soft3
//设置用户口令
#passwd soft1
#passwd soft2
#passwd soft3
//修改/var/local-ftp/softgroup 的属主和权限
#  chown soft1.softgroup /var/local-ftp/softgroup
#  chmod 750 /var/local-ftp/softgroup
#  ll /var/local-ftp
```

设置了上面对目录/var/local-ftp/softgroup 的文件系统权限之后：

（1）soft1 用户是该目录的属主，因此具有读写权限和进入目录的权限。

（2）soft2 和 soft3 用户属于 softgroup 组，因此只具有读权限和进入目录的权限。

9.7.2　配置 FTP 虚拟用户访问

直接使用本地用户来访问 vsftpd 服务器可能带来安全问题，变通的方法是使用虚拟用户来作为专门的 FTP 账户。FTP 虚拟用户不能登录系统，只能访问 FTP 服务器，对系统的影响更小。

PAM 是一套身份验证共享库，用于限定特定应用程序的访问。使用 PAM 身份验证机制可以实现 vsftpd 的虚拟用户功能。实现的关键是创建 vsftpd 的 PAM 用户数据库文件和修改相应的 PAM 配置文件

1. 创建虚拟用户数据库

（1）建立包含虚拟用户名和密码的文本文件。文件中奇数行为用户名，偶数行为对应的密码。例如，建立/etc/vsftpd/login.txt，文件内容如下：

```
user1
123
user2
456
```

（2）执行命令将虚拟用户的文件转换成数据库文件。

```
#db_load -T -t hash -f /etc/vsftpd/login.txt /etc/vsftpd/login.db
```

注意：若没有 db_load 命令，需安装 db4-utils 软件包。

（3）执行命令以限制该数据库文件的访问权限。

```
#chmod 600 /etc/vsftpd/login.db
```

2. 修改 vsftpd 的 PAM 配置文件

将/etc/pam.d/vsftpd 文件的所有行前加上♯成为注释行，然后添加以下两行内容。

```
auth   required  /lib/security/pam_userdb.so  db=/etc/vsftpd/login
account  required /lib/security/pam_userdb.so  db=/etc/vsftpd/login
```

3．为虚拟用户创建一个系统用户和主目录

```
#useradd -d /home/ftpsite -s /sbin/nologin virtual
```

4．创建或修改 vsftpd. conf 配置文件

```
anonymous_enable=NO
//启用非匿名访问(包括虚拟用户)
local_enable=Yes
write_enable=NO
anon_mkdir_write_enable=NO
anon_other_write_enable=NO
//启用用户目录锁定
chroot_local_user=YES
//启用虚拟用户功能
guest_enable=YES
//设置所有虚拟用户要映射的真实用户
guest_username=virtual
//设置 vsftpd 进行 PAM 认证时所用的 PAM 配置文件名
pam_service_name=vsftpd
listen=YES
//设置 vsftpd 监听 8001 端口
listen_port=8001
//将被动模式端口设置为高端范围
pasv_min_port=30000
pasv_max_port=30999
```

5．关闭 SELinux 安全系统

```
#setenforce 0
```

6．测试虚拟用户访问
重启 vsftpd 服务,输入 ftp 127.0.0.1 8001 进行访问。
7．为不同的虚拟用户进行个别配置
可以为不同的虚拟用户建立独立的配置文件,以实现不同的虚拟用户具有不同的操作权限。在上例的基础上,为 user1 和 user2 用户赋予不同的权限。

(1) 编辑 vsftpd. conf 文件,增加以下语句:

```
user_config_dir=/etc/vsftpd/vsftpd_user_conf
```

(2) 创建相应用户的配置目录:

```
#mkdir /etc/vsftpd_user_conf
```

（3）在用户配置目录下为虚拟用户创建一个同名的用户配置文件：

```
#touch /etc/vsftpd_user_conf/user1
#touch /etc/vsftpd_user_conf/user2
```

（4）编辑/etc/vsftpd_user_con/user1 文件，增加以下语句：

```
Anon_world_readable_only=NO
```

（5）编辑/etc/vsftpd_user_con/user2 文件，增加以下语句：

```
Anon_world_readable_only=NO
Write_enable=YES
Anon_upload_enable=YES
```

（6）分别用 user1 和 user2 登录 FTP 服务器进行测试。

9.7.3　配置基于 IP 的 vsftpd 的虚拟主机

配置步骤：

（1）配置虚拟 IP 地址。

（2）建立虚拟 FTP 的服务器目录并设置适当的权限。

（3）建立虚拟 FTP 服务器的主配置文件。

注意：配置虚拟 FTP 服务器要有单独的主配置文件，即原主机的主配置文件与虚拟主机的配置文件不能重名。

（1）配置一个虚拟的接口 eth0:1：

```
ifconfig eth0:1 192.168.10.11 netmask 255.255.255.0 up
```

（2）建立虚拟 FTP 的服务器目录并设置适当的权限：

```
//建立虚拟 FTP 的服务器目录
#mkdir    -p   /var/ftp2/pub
//确保目录具有如下权限
#ll    -d   /var/ftp2
drwxr-xr-x    3    root    root    4096    10 月 23    06:00    /var/ftp2
#ll    -d   /var/ftp2/pub
drwxr-xr-x    3    root    root    4096    10 月 23    06:00    /var/ftp2/pub
//在下载目录中生成测试文件
#    echo   "hello">/var/ftp2/pub/test_file
//创建此虚拟服务器的匿名用户所映射的本地用户 ftp2
#    useradd    -d    /var/ftp2   -M    ftp2
#    passwd    ftp2
```

（3）建立虚拟 FTP 服务器的主配置文件：

```
vi  /etc/vsftpd/vsftpd.conf            //修改/etc/vsftpd/vsftpd.conf 文件
```

添加 listen_address＝192.168.10.1 的配置行，将原 FTP 服务器绑定到 eth0 接口。

```
//使用前面备份的 vsftpd 的主配置文件生成虚拟 FTP 服务器的主配置文件
#  cp  /etc/vsftpd/vsftpd.conf  /etc/vsftpd/vsftpd_site2.conf
#  vi  /etc/vsftpd/vsftpd_site2.conf
```

添加 listen_address＝192.168.10.11 的配置行,将虚拟 FTP 服务器绑定到 eth0：1 接口。

```
ftp_username=ftp2
//使此虚拟服务器的匿名用户映射到本地用户 ftp2,这样匿名用户登录后才能进入本地用户
ftp2 的/var/ftp2 目录。
#service vsftpd restart
```

(4) 测试：

```
ftp 192.168.10.1                          //使用本地用户或匿名用户登录
ftp 192.168.10.11                         //使用 ftp2 登录到/var/ftp2 目录下
```

注意：使用 ftp 127.0.0.1 就无法登录了。

9.7.4 配置基于 TCP 端口的 vsftpd 的虚拟主机

基本配置方法同上例,只需添加 listen_port 选项,并指定不同端口。例如,在两个配置文件中将两个站点的监听端口分别设置为：

```
listen_port=21
listen_port=8001
//FTP 站点测试
[root@ localhost ~]# ftp 192.168.10.11 8001
```

9.7.5 配置 vsftpd 服务器综合应用

现有一提供虚拟主机 Web 和 FTP 服务的服务器,服务器的 IP 地址为 192.168.10.1,虚拟主机采用基于域名的虚拟主机。各用户的 Web 站点根目录统一放在/var/www 目录中,目录名为域名的名称。比如,若某网站的域名为 hbsi.com,则站点根目录为/var/www/hbsi。每个网站的管理员有一个 FTP 账户,利用该账户登录后,可对 Web 站点根目录下的文件进行上传、下载、创建子目录、更名和删除操作。用户只能对自己的 Web 站点根目录及其下面的目录文件操作,不允许切换到上级目录,不允许匿名用户登录和访问。

FTP 服务器采用 PASV 工作模式,允许 ASCII 模式来上传或下载数据,允许最大同时连机 500 用户,每个客户 IP 允许同时与服务器建立 10 个连接,每个用户的访问速度限制为 512K。FTP 日志文件存放在/var/vhlogs/log 文件中。

(1) 创建新用户账户,并设置密码。该账户仅用作登录 FTP 服务器：

```
[root@ localhost ~]# useradd test1 - r - m - g ftp - d /var/www/hbsi - s /sbin/nologin
- c "vHost FTP User"
```

（2）检查并设置站点根目录的所属关系和权限：

```
[root@ localhost ~]#ll /var/www |grep hbsi
[r[root@ localhost ~]#chmod 755 /var/www/hbsi
```

（3）为根目录文件系统打开磁盘配额功能，并为 ftp 用户组配置磁盘配额。

（4）修改/etc/httpd/conf/httpd. conf 配置文件，添加 www. hbsi. com 虚拟主机。（在 Apache 中配置，在此省略）

（5）配置 FTP 服务器。对 FTP 服务器的配置，是对整个 FTP 服务器生效的，因此，只需配置一次即可。配置好后，以后添加新用户时，就不再需要配置了。

利用 vi 编辑器编辑修改/etc/vsftpd/vsftpd. conf 配置文件，将配置项设置为以下形式：

```
write_enable=YES
#对匿名用户的设置
anonymous_enable=NO
anon_upload_enable=NO
anon_mkdir_write_enable=NO


#对本地用户设置
local_enable=YES
local_umask=022
file_open_mode=755


#欢迎信息设置
dirmessage_enable=NO
ftpd_banner=Welcome to hbsi Virtual Host FTP Service.


#日志文件
xferlog_enable=YES
xferlog_file=/var/vhlogs/log
xferlog_std_format=YES


#允许以 ASCII 方式上传或下载文件
ascii_upload_enable=YES
ascii_download_enable=YES


#仅允许 vsftpd.chroot 文件中的用户,可以切换到上级目录。
chroot_local_user=YES
chroot_list_enable=YES
chroot_list_file=/etc/vsftpd.chroot


#访问控制,拒绝 user_list 和 ftpusers 文件中的用户登录 FTP 服务器。
userlist_enable=YES
```

```
userlist_deny=YES
tcp_wrappers=YES

#设置 vsftpd 以单进程方式工作
setproctitle_enable=NO
pam_service_name=vsftpd

#与连接相关的设置
listen=YES
listen_address=192.168.10.1
listen_port=21
ftp_data_port=20
connect_from_port_20=YES
pasv_enable=YES
pasv_max_port=0
pasv_min_port=0
idle_session_timeout=600
data_connection_timeout=120
max_clients=500
max_per_ip=10
local_max_rate=512000
anon_max_rate=512000
```

保存配置，然后退出 vi 编辑器。

（6）创建/etc/vsftpd/chroot 配置文件，然后重新启动 vsftpd 服务器即可。

```
[root@ localhost ~]#touch /etc/vsftpd/chroot
                                        //只有该文件中的用户，才可以切换到上级目录
[root@ localhost ~]#service vsftpd restart
```

（7）访问 FTP 站点。利用 test1 账户登录 FTP 服务器，然后在创建 2 个名为 downloads 和 up 的目录。检测访问是否正常。

```
[root@ localhost ~]#ftp 192.168.10.1
Name (192.168.10.1:root):test1
331 Please specify the password.
Password:
230 Login successful. Have fun.
Remote system type is UNIX.
Using binary mode to transfer files.
ftp>mkdir downloads                    #创建 downloads 目录
257 "/downloads" created
ftp>mkdir up                           #创建 up 目录
257 "/up" created
ftp>pwd                                #检查当前在 FTP 服务器中的位置
```

```
257 "/"                          #说明位于 FTP 站点的根目录
ftp>ls                           #查询文件目录列表
227 Entering Passive Mode (192.168.10.1)
150 Here comes the directory listing.
drwxr-xr-x    2    103    50    4096    Aug 23 04:53    downloads
drwxr-xr-x    2    103    50    4096    Aug 23 04:52    up
226 Directory send OK.
ftp>quit
Goodbye.
```

本 章 小 结

本章结合一个企业的 FTP 服务器的架设需求,详细地讲述了 FTP 服务器和 FTP 客户端的配置过程。通过本章的学习,使学生掌握了 FTP 的架设过程,也了解了 FTP 的相关知识。

实 训 练 习

【实训目的】:掌握 FTP 服务器的使用。

【实训内容】:

(1) 设置 IP 地址、主目录。

(2) 安装 FTP 服务。

(3) 配置 FTP 服务器。

【实训步骤】:

(1) 安装 vsftpd 服务。

(2) 配置 vsftpd 服务。

(3) 通过客户端连接 vsftpd 服务器。

(4) 测试访问 FTP 站点。

习   题

一、选择题

1. 要检查 Linux 系统中是否已经安装了 FTP 服务器,以下(   )命令是正确的。

　　A. rpm -q vsftpd　　B. rpm -q ftp　　　　C. rpm -ql ftp　　　D. rpm -qa ftpd

2. 安装 vsftpd FTP 服务后,以下(   )命令可以正确地启动该服务。

　　A. service ftp start　　　　　　　　B. service vsftpd start

　　C. service ftpd start　　　　　　　　D. service vsftp start

3. 默认情况下,使用匿名用户登录到 FTP 服务器后,其默认目录是(   )。

　　A. /etc/ftp　　　　　B. /home　　　　　C. /var/ftpd　　　　D. /var/ftp

4. vsftpd 的主配置文件是（　　　）

    A. /etc/vsftpd/ftpusers　　　　　　　B. /etc/vsftpd/user_list

    C. /etc/vsftpd/vsftpd.conf　　　　　　D. /etc/vsftpd/vsftpd.cn

5. 以下（　　　）个文件不属于 vsftpd 的配置文件？

    A. /etc/vsftpd/ftpusers　　　　　　　B. /etc/vsftpd/user_list

    C. /etc/vsftpd/vsftpd.conf　　　　　　D. /etc/vsftpd/vsftpd.cn

二、简答题

1. 试描述 FTP 服务的运行机制。

2. FTP 主要应用在哪些场合？

3. 简述实现 vsftpd 虚拟用户访问的基本步骤。

4. 设计一个模拟公司的 FTP 站点，考虑现实的安全控制措施实现并测试。

第 10 章

搭建邮件服务器

学习目标

- 掌握 Sendmail 服务安装与配置。
- 掌握 POP3 和 IMAP 安装与配置。
- 掌握电子邮件的发送与接收方法。

案例情景

电子邮件是 Internet 应用最广泛的服务之一。通过网络电子邮件系统,可以用非常低廉的价格,以非常快速的方式,与世界上任何一个角落的网络用户联络,这些电子邮件可以是文字、图像、声音或其他多媒体信息。与传统的邮政系统一样,邮件传递需要邮局的支持,而电子邮件系统的"邮局"也就是邮件服务器。与传统的邮政系统相比,电子邮件更加快捷易用,经济实惠,内容丰富。

邮件服务器为用户提供了邮件系统的基本结构,包括邮件传输、邮件分发、邮件存储等功能,可以确保用户的邮件能够发送到整个 Internet 网络的任意角落。由于 Linux 操作系统作为目前应用最为广泛的开源操作系统,具有性能稳定、可靠性高和价格低廉的特点,在 Linux 上架构的邮件服务器可以与 Sendmail、MySQL 等开源软件共同使用,在满足用户需求的基础上,降低了系统价格。

项目需求

架构邮件服务器,服务器的操作系统采用的是 Red Hat Enterprise Linux 6,客户端操作系统可以为 Linux 或 Windows,数据库是 mysql。而其中最为重要的就是服务器软件的安装,服务器能否正常运行,最关键的一步就是要设置邮件交换记录(MX),所以要先安装 DNS 服务器的相关软件,还要安装作为邮件传输代理的 Sendmail 服务器相关软件,如果要想使用电子邮件通信,还需要安装 POP3/IMAP 服务器的软件支持,当然这些服务可以安装在一台主机上。

实施方案

在 Red Hat Enterprise Linux 6 操作系统中利用 Sendmail 来搭建邮件服务器。在本网络中,使用 Sendmail 服务的解决方案如下。

(1) 安装 Sendmail 和 m4 相关软件包。

(2) 编辑 Sendmail 的核心配置文件。

(3) 编辑 local-host-names 文件。

(4) 别名群发设置。

(5) 设置邮件中继。

（6）建立用户。

（7）Sendmail 的服务认证功能的配置。

（8）启动 Sendmail 服务。

（9）Sendmail 的调试。

10.1 认识邮件系统工作原理

10.1.1 邮件功能组件

邮件的功能组件由邮件用户代理（MUA）、邮件递送代理（MDA）和邮件传输代理（MTA）组成，常见的 MDA 通常和 MUA 合二为一。

1. MUA

邮件用户代理是一种客户端软件，它提供用户读取、编辑、回复及处理电子邮件等功能，一般常用的 MUA 程序包括 Linux 下的 mailx、elm 和 mh 等，以及 Windows 下常用的 Outlook Express、Foxmail 等。

2. MDA

邮件递送代理是一种服务器端运行的软件，用来把 MTA 所接受的邮件传递到指定用户邮箱。

3. MTA

邮件传输代理是一种服务器端运行的软件，即邮件服务器。用户通过 MUA 发送和接收电子邮件其实都是通过 MTA 完成的。在 Linux 中应用最广泛的 MTA 程序有 Sendmail、Qmail 和 Postfix 等。

关于 MUA 和 MTA 的邮件传送流程图如图 10.1 所示。

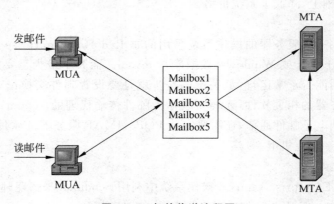

图 10.1 邮件传送流程图

10.1.2 了解邮件系统的工作流程

用户可以自由收发电子邮件，邮件系统会按照用户的指令完成一系列的发送、接收操作。可以根据需要选择不同的 E-mail 工作方式。决定是在同一台服务器上发送 E-mail，即单一服务器方式；还是通过网络将邮件发送到其他邮件服务器，即多服务器方式，而多服务器方式需要设置邮件中继。邮件系统工作流程如图 10.2 所示。

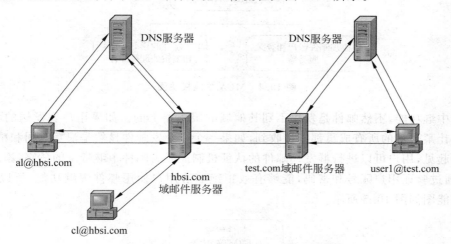

图 10.2　邮件系统工作流程图

10.1.3　熟悉功能模块

　　该电子邮件系统要实现以下功能：登录服务器、用户收发邮件、用户处理邮件、邮件的传输、电子邮件的认证、电子邮件群发等功能。这些功能可以归为邮件用户代理和邮件传输代理两大功能模块，如图 10.3 所示。

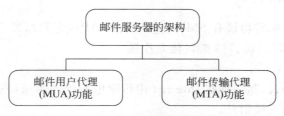

图 10.3　功能模块图

1. MUA 功能模块

　　邮件用户代理 MUA 是一种客户端软件，在 Linux 平台上的 MUA 程序有 mailx、elm 等，Windows 平台上有 Outlook Express、Foxmail 等。通过 MUA 的客户端软件用户首先申请账号并登录服务器，如果有验证机制的，还需要输入登入密码；然后用户就可以通过自己的邮箱发送、接收邮件，对邮件进行编辑、下载等操作，如图 10.4 所示。

2. MTA 功能模块

　　邮件传输代理 MTA 是一种服务器端运行软件，最常用的有 Sendmail、Qmail 等。这里以 Sendmail 为例，Sendmail 主要是负责邮件传输的，在传输的过程中，安装和配置的 Sendmail 服务器需要实现基本的以及其他的一些功能。如果用户要发送一封邮件，那服务器就要实现最基本的发送功能，根据用户的需求，如果邮件要发往外部邮箱的，还需要

图 10.4　MUA 功能模块图

有邮件中继功能,不然邮件是发送不到其他域的服务器上的。如果用户要发送的电子邮件是想让某个域的所有成员都能接收到,如果一个一个发邮件显然是浪费时间和精力的,为方便起见,用户可以进行群发。邮件的认证机制能减少邮件中继带来的危害,添加认证机制,通过验证用户账号和密码,能够有效拒绝非法用户使用邮件中继功能,所以 MTA 模块功能图如图 10.5 所示。

图 10.5　MTA 功能模块图

10.1.4　熟悉 E-Mail 协议

当前常用的电子邮件协议有 SMTP、POP3、IMAP4,它们都属于 TCP/IP 协议族,默认状态下,分别通过 25、110、143 端口建立连接。

1. SMTP 协议

简单邮件传输协议,是一种在 Internet 中传递电子邮件的通信协议,可以在 Internet 上和不同的邮件系统交换信息。

2. POP3 协议

邮局通信协议,是邮件系统上负责接收电子邮件的通信协议,它不具有传送邮件至使用者或其他邮件主机的功能。

3. IMAP 协议

消息存取通信协议,是 Internet 上一项常见的通信协议,其中包含连接方式、客户端验证以及 C/S 的交谈等的定义,支持所有兼容 RFC2060 的 IMAP 客户端。与 POP 一样,IMAP 主要是用来读取服务器上的电子邮件,但客户端需要先登录服务器,才能进行资源的存取。

IMAP 比 POP 更具有弹性,但目前仍然有较多人使用 POP 作为电子邮件接收的通信协议。

10.2　配置邮件服务器

　　服务器端主要是负责电子邮件的传输,当客户端用户要发送电子邮件时,首先得登录到自己的邮箱,而用户的邮箱都在服务器端有相应的磁盘存储空间,再由邮件服务器根据目的邮箱进行选择,是发给本地邮箱的用户还是发给外部的服务器,目的用户再通过登录外部服务器的邮箱对电子邮件进行操作。

　　在安装 Sendmail 服务器之前,首先要考虑是否已安装和配置好 DNS 服务。因为 Sendmail 中的邮件交换记录 MX 是在 DNS 服务器的区域文件中添加的,所以需要首先完成 DNS 的安装和配置。关于 DNS 服务器的配置工作,已在项目 7 中进行了详细介绍,在此不再赘述。

10.2.1　安装与配置 Sendmail 服务

　　添加了邮件交换记录(MX)后,接下来就可以对 Sendmail 服务进行安装配置了。在安装 Sendmail 服务之前,首先来了解一下安装 Sendmail 服务所需要的软件包。

- sendmail-8.14.4-8.el6.i686.rpm:sendmail 服务的主程序包。
- sendmail-cf-8.14.4-8.el6.noarch.rpm:sendmail 的宏文件包。
- m4-1.4.13-5.el6.i686.rpm:宏处理过滤软件。
- dovecot-2.0.9-7.el6.i686.rpm:接收邮件软件包。

1. 安装 Sendmail 和 m4 相关软件包

(1) 用 rpm -qa 命令查询是否已安装 sendmail 的相关软件包:

```
[root@localhost ~]#rpm  -qa|grep sendmail
```

(2) 用 rpm -ivh 命令进行 sendmail 的安装,如图 10.6 所示。

```
[root@localhost ~]#rpm -ivh sendmail-8.14.4-8.el6.i686.rpm
```

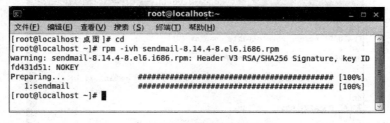

图 10.6　sendmail 的安装

(3) 用 rpm -ivh 命令进行 m4 的安装,如图 10.7 所示。

```
[root@localhost ~]#rpm -qa | grep m4
[root@localhost ~]#rpm -ivh m4-1.4.13-5.el6.1.i686.rpm
```

(4) 用 rpm -ivh 命令进行宏文件的安装:

```
[root@localhost ~]#rpm  -ivh  sendmail-cf-8.14.4-8.el6.noarch.rpm
```

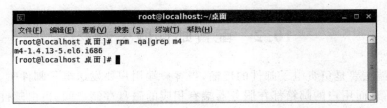

图 10.7　m4 已经安装

2. 编辑 sendmail 的核心配置文件

由于 sendmail.cf 核心配置文件配置过于复杂,m4 工具可以让开发人员只修改 sendmail.mc 文件,然后再重定向到 sendmail.cf 文件中。

(1) 通过 vi 命令进入 sendmail.mc 文件中:

```
[root@localhost ~]#vi /etc/mail/sendmail.mc
```

(2) 把 smtp 的侦听网段范围 127.0.0.1 改为 0.0.0.0,如图 10.8 所示。

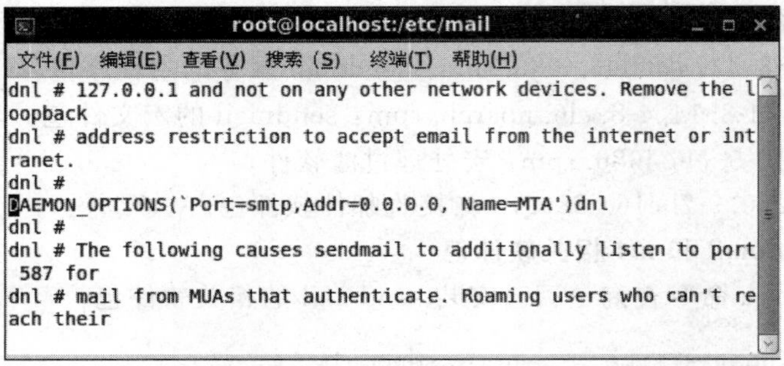

图 10.8　修改 smtp 的侦听网段

(3) 设置本地邮箱域名,在括号内填写本地域名 hbsi.com,如图 10.9 所示。

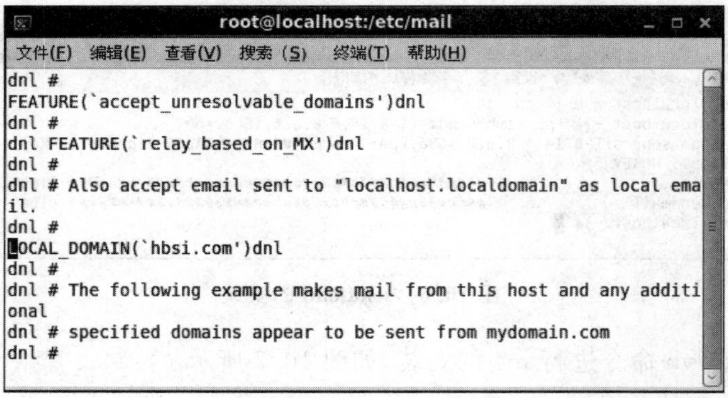

图 10.9　设置本地邮箱域名

(4) 通过 m4 命令把 sendmail.mc 重定向 sendmail.cf 文件中。

```
[root@localhost ~]#m4 /etc/mail/sendmail.mc >/etc/mail/sendmail.cf
```

3. 编辑 local-host-names 文件

local-host-names 文件是用来定义收发邮件的主机别名的：

（1）用 vi 命令编辑修改 local-host-names 文件：

```
[root@ localhost ~]#vi /etc/mail/local-host-names
```

（2）在文件中添加以下两行，分别是主机名和域名，如图 10.10 所示。

```
hbsi.com.
mail.hbsi.com.
```

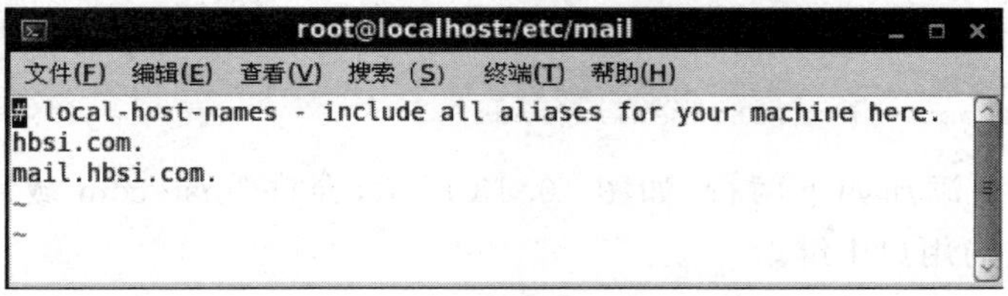

图 10.10　添加主机名和域名

4. 别名群发设置

（1）用 vi 命令进入/etc 目录下的 aliases 文件：

```
[root@ localhost ~]#vi /etc/aliases
```

（2）在 aliases 文件中添加一行 b1:c1,c2，如图 10.11 所示。

图 10.11　添加别名

（3）保存退出，用 newaliases 命令生成 aliases.db 文件，如图 10.12 所示。

```
[root@ localhost ~]#newaliases
```

5. 设置邮件中继

中继就是用户通过服务器将邮件传递到组织外。一个正常的邮件的发送过程是一站到达的，也就是说服务器处理的邮件只有两类，一类是外发的邮件，一类是接收的邮件，前者是本方用户通过服务器向外转发邮件，后者是收发方给本方用户的。

access 文件用于控制邮件中继与邮件的进出管理，access 的每一行都包含了对象和

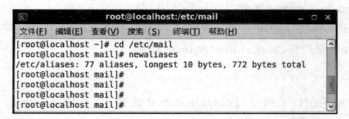

图 10.12　用 newaliases 命令生成 aliases.db 文件

对对象的处理方式。

（1）用 vi 进入 access 文件：

```
[root@localhost ~]#vi /etc/mail/access
```

（2）在文件中添加如下两行，如图 10.13 所示，允许 hbsi.com 域用户中继而拒绝 192.168.10.100 的用户中继。

```
hbsi.com              RELAY
192.168.10.100        REJECT
```

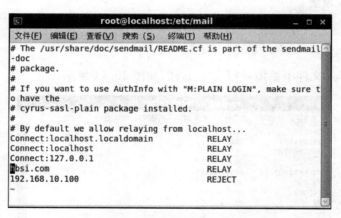

图 10.13　邮件中继的设置

（3）用 makemap 命令生成新的 access.db 数据库：

```
[root@localhost ~]#makemap  -r  hash  /etc/mail/access.db</etc/mail/access
```

6. 建立用户

（1）建立组群 b1，用户 c1、c2、b1、a1，而且用户 c1、c2、b1 属于组群 b1，如图 10.14 所示。

```
[root@localhost ~]#groupadd    b1
[root@localhost ~]#useradd    -g    b1    -s /sbin/nologin c1
[root@localhost ~]#useradd    -g    b1    -s /sbin/nologin c2
[root@localhost ~]#useradd    -g    b1    -s /sbin/nologin b1
[root@localhost ~]#useradd    a1
```

```
[root@localhost ~]#useradd    aaa
```

```
root@localhost:/etc/mail                         _ □ ×
文件(F)  编辑(E)  查看(V)  搜索(S)  终端(T)  帮助(H)
[root@localhost mail]# groupadd b1
[root@localhost mail]# useradd -g b1 -s /sbin/nologin c1
[root@localhost mail]# useradd -g b1 -s /sbin/nologin c2
[root@localhost mail]# useradd -g b1 -s /sbin/nologin b1
[root@localhost mail]# useradd a1
[root@localhost mail]#
[root@localhost mail]# useradd aaa
[root@localhost mail]# █
```

图 10.14 新建组群和用户

(2) 给用户设置密码,如图 10.15 所示:

```
[root@localhost ~]#passwd a1
[root@localhost ~]#passwd c1
[root@localhost ~]#passwd c2
```

```
root@localhost:/etc/mail                         _ □ ×
文件(F)  编辑(E)  查看(V)  搜索(S)  终端(T)  帮助(H)
[root@localhost mail]# passwd c1
更改用户 c1 的密码 。
新的 密码:
无效的 密码: WAY 过短
无效的 密码: 是回文
重新输入新的 密码:
passwd: 所有的身份验证令牌已经成功更新。
[root@localhost mail]# passwd c2
更改用户 c2 的密码 。
新的 密码:
无效的 密码: WAY 过短
无效的 密码: 是回文
重新输入新的 密码:
passwd: 所有的身份验证令牌已经成功更新。
[root@localhost mail]#
[root@localhost mail]# █
```

图 10.15 设置用户密码

7. Sendmail 的服务认证功能的配置

对 Sendmail 服务进行认证功能的配置,要先安装 sasl 库,再编辑 sendmail.cf 文件。

(1) 检测 cyrus-sasl 软件的安装,如图 10.16 所示。

```
[root@localhost ~]#rpm -qa | grep cyrus-sasl
```

从图 10.16 可以看到,相关的软件已经安装完毕,如果没有安装的,参考上面 Sendmail 服务器软件的安装。

(2) 编辑 sendmail.mc 文件找到相应部位进行修改开启认证功能。

首先,用 vi 命令进入/etc/mail 目录下的 sendmail.mc 文件。

```
[root@localhost ~]#vi /etc/mail/sendmail.mc
```

然后,把以下三行的前头的 dnl 字段去掉,如图 10.17 和图 10.18 所示。

```
dnl   DAEMON_OPTIONS('Port=submission,Name=MSA,M=Ea')
```

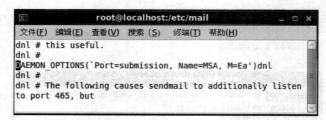

图 10.16　检测 cyrus-sasl 软件的安装

dnl　TRUST_AUTH-MECH ('EXTERNAL DIGEST-MD5 LOGIN PLAIN')

dnl　define ('confAUTH_MECHANISMS', 'EXTERNAL GSSAPI DIGEST-MD5 CRAM-MD5　LOGIN　PLAIN ')

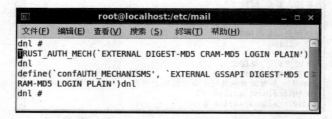

图 10.17　编辑 sendmail.mc 开启认证功能（一）

图 10.18　编辑 sendmail.mc 开启认证功能（二）

8. 启动 Sendmail 服务

重新启动 Sendmail 服务，如图 10.19 所示。

```
[root@ localhost ~]#service sendmail restart
```

图 10.19　重启 Sendmail 服务

9．Sendmail 的调试

（1）查看是否已安装了相关的 telnet 软件，并查看 25 是否处于监听状态，如图 10.20 所示。

```
[root@ localhost ~]# rpm -qa|grep telnet
[root@ localhost ~]# netstat -an | grep 25
```

图 10.20　查看 telnet 的安装和 25 端口是否处于监听状态

（2）重新启动 xinetd 守护进程。由于 telnet 服务也是由 xinetd 守护的，所以安装完 telnet-server，要启动 telnet 服务就必须重新启动 xinetd。

```
[root@ locahost ~]# service xinetd restart
```

（3）在 Linux 的客户端使用 telnet 命令登录 Sendmail 服务器的 25 端口，如图 10.21 所示，会提示拒绝远程登录。

```
[root@localhost 桌面]# telnet mail.hbsi.com 25
Trying 192.168.10.1...
telnet: connect to address 192.168.10.1: Connection refused
```

图 10.21　拒绝远程登录

这时，需要修改/etc/xinetd.d/telnet 文件，将 disable＝yes 行前加 ♯ 注释掉，或者把 yes 改为 no，之后重新启动 xinetd 扩展守护进程，如图 10.22 所示。

```
[root@ locahost ~]# vi  /etc/xinetd.d/telnet
```

修改完/etc/xinetd.d/telnet 配置文件，再试着使用 telnet 命令登录 sendmail 服务器，进行邮件发送测试，如图 10.23 所示。

如果出现 220 asd123.org ESMTP Sendmail……＋0800 的字样，表明登录成功，接着输入：

```
helo hbsi.com;
```

如果输入正确，会出现

```
250 localhost.localdomain hello mail.hbsi.com[192.168.10.5],pleased to meet you
```

图 10.22 修改/etc/xinetd.d/telnet 配置文件

图 10.23 用 telnet 登录 25 号端口

则输入

```
mail from: "b1b1!"aaa@hbsi.com
```

用来写明发送方的邮件地址；

若出现 Sender ok 的字样，则表明发送成功，接着输入接收方的邮件地址：

```
rcpt to:b1@hbsi.com;
```

如果出现 Recipient ok 则表明接收成功，接着输入 data，就可以输入邮件的正文了，图中输入的是：

```
long time to see you b1b1~~
```

如果正文输完，输入"."结束，并用 quit 命令退出并保存。

（4）查看邮件接收，用 mail 命令查看用户 b1 是否收到邮件，同样查看别名用户 c1、c2 是否收到邮件。

```
[root@localhost ~]#mail -u b1
[root@localhost ~]#cd /var/spool/mail/
[root@localhost ~]#vi c1
[root@localhost ~]#vi c2
```

虽然邮件的接收方是 b1，但作为别名的 c1、c2 是实际接收者。所以能看到 c1 和 c2 是同时收到从 aaa 发送过来的，如图 10.24 所示。

图 10.24　c1 和 c2 收到的邮件

10.2.2　安装与配置 POP3 和 IMAP

一般安装好 dovecot 软件包后，POP3 和 IMAP 就能正常工作了，能接收客户端的邮件请求。在安装 dovecot 时，可能会提示对其他软件有依赖性，只需要把相应软件安装好，再进行安装。

在安装和配置 POP3/IMAP 服务之前，先来了解一下所需要的相关软件。

- dovecot-2.0.9-7.e16.i686.rpm：接收邮件软件。
- mysql-5.1.47-4.e16.i686.rpm。

1. dovecot 的安装与启动

（1）查看是否已经安装 dovecot 相关软件包，如图 10.25 所示。

```
[root@localhost ~]#rpm -qa|grep dovecot
```

图 10.25　dovecot 的安装与启动

图 10.25 显示相关软件包已经安装完成。

（2）如果没有安装，可以通过使用 rpm 命令进行安装：

```
[root@localhost ~]#rpm -ivh dovecot-2.0.9-7.e16.i686.rpm
```

如果提示安装失败，是因为 dovecot-2.0.9-7.e16.i686.rpm 对 MySQL 软件有依赖，所以要先把 MySQL 安装好。

（3）安装 MySQL 软件：

```
[root@localhost ~]#rpm -ivh mysql-5.1.47-4.e16.i686.rpm
```

（4）启动 dovecot 服务：

```
[root@localhost ~]#service dovecot start
```

2. 查看端口

查看 110 和 143 端口是否处于监听状态，如图 10.26 所示。

```
                         root@localhost:/etc/dovecot          _ □ ×
文件(F)  编辑(E)  查看(V)  搜索 (S)  终端(T)  帮助(H)
[ root@localhost dovecot]# netstat -an| grep 110
tcp       0      0 0.0.0.0:110             0.0.0.0:*              LISTEN
tcp       0      0 :::110                  :::*                   LISTEN
unix 3    [ ]       STREAM    CONNECTED    19110  @/tmp/dbus-UHZ3DEjN8o
[ root@localhost dovecot]# netstat -an| grep 143
tcp       0      0 0.0.0.0:143             0.0.0.0:*              LISTEN
tcp       0      0 :::143                  :::*                   LISTEN
unix 2    [ ACC ]   STREAM    LISTENING    21434  /tmp/orbit-root/linc-b38-0-7eb0
c19255d27
unix 2    [ ACC ]   STREAM    LISTENING    19143  /root/.pulse/40ec8792dea48a2522
f6082500000064-runtime/native
unix 3    [ ]       STREAM    CONNECTED    21439  @/tmp/dbus-UHZ3DEjN8o
unix 3    [ ]       STREAM    CONNECTED    21438
unix 3    [ ]       STREAM    CONNECTED    21437  /tmp/orbit-root/linc-b38-0-7eb0
c19255d27
unix 3    [ ]       STREAM    CONNECTED    21436
unix 3    [ ]       STREAM    CONNECTED    21433  /tmp/orbit-root/linc-94f-0-3028
a729818b3
unix 3    [ ]       STREAM    CONNECTED    21432
unix 3    [ ]       STREAM    CONNECTED    13143  @/var/run/hald/dbus-vG2FMVlhYF
[ root@localhost dovecot]# ▮
```

图 10.26　查看 110 和 143 端口状态

3. dovecot 的配置

为保证收取邮件安全，需使用加密协议进行邮件的收发。下面的操作就是说明如何生成私钥和自签名证书。

（1）用 make 命令生成私钥和自签名证书，如图 10.27 所示。

```
[root@localhost ~]#make /etc/pki/tls/certs/dovecot.pem
```

（2）按照以下的提示信息编辑私钥和公钥信息，如图 10.28 所示。

```
Country Name 提示下输入 CN,
State or Province Name 提示下 HEBEI
LocalityName 提示下输入 baoding
Organization Name 提示下输入 Red Hat
Organization Unit Name 提示下输入 CPL
Common Name 提示下输入 hbsi.com
Email Address 提示下输入 hbsi.com
```

要使生成的密钥和自签名证书生效还需修改 dovecot.conf 文件的配置信息。
（3）用 vi 进入 dovecot.conf 文件。

```
[root@localhost ~]#vi /etc/dovecot/dovecot.conf
```

```
                      a1@localhost:/etc/pki/tls/certs           _ □ ×
文件(F) 编辑(E) 查看(V) 搜索(S) 终端(T) 帮助(H)
[root@localhost certs]# make dovecot.pem
umask 77 ; \
        PEM1=`/bin/mktemp /tmp/openssl.XXXXXX` ; \
        PEM2=`/bin/mktemp /tmp/openssl.XXXXXX` ; \
        /usr/bin/openssl req -utf8 -newkey rsa:2048 -keyout $PEM1 -nodes -x50
 -days 365 -out $PEM2 -set_serial 0 ; \
        cat $PEM1 >  dovecot.pem ; \
        echo ""     >> dovecot.pem ; \
        cat $PEM2 >> dovecot.pem ; \
        rm -f $PEM1 $PEM2
Generating a 2048 bit RSA private key
.....................+++
.......................+++
writing new private key to '/tmp/openssl.LyR2iM'
-----
You are about to be asked to enter information that will be incorporated
into your certificate request.
What you are about to enter is what is called a Distinguished Name or a DN.
There are quite a few fields but you can leave some blank
For some fields there will be a default value,
If you enter '.', the field will be left blank.
-----
```

图 10.27　生成自签名证书(一)

```
                      a1@localhost:/etc/pki/tls/certs           _ □ ×
文件(F) 编辑(E) 查看(V) 搜索(S) 终端(T) 帮助(H)
Country Name (2 letter code) [XX]:CN
State or Province Name (full name) []:HEBEI
Locality Name (eg, city) [Default City]:baoding
Organization Name (eg, company) [Default Company Ltd]:Red Hat
Organizational Unit Name (eg, section) []:CPL
Common Name (eg, your name or your server's hostname) []:hbsi.com
Email Address []:hbsi.com
[root@localhost certs]# █
```

图 10.28　生成自签名证书(二)

(4) 去掉以下两行前面的#。

#ssl_cert_file=/etc/pki/tls/certs/dovecot.pem

#ssl_key_file=/etc/pki/tls/certs/dovecot.pem

(5) 重启 dovecot 服务,如图 10.29 所示。

[root@localhost ~]#service dovecot restart

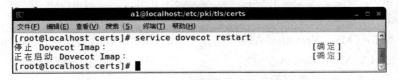

```
                      a1@localhost:/etc/pki/tls/certs           _ □ ×
文件(F) 编辑(E) 查看(V) 搜索(S) 终端(T) 帮助(H)
[root@localhost certs]# service dovecot restart
停止 Dovecot Imap :                                    [确 定]
正在启动 Dovecot Imap :                                [确 定]
[root@localhost certs]# █
```

图 10.29　启动 dovecot 服务

关于邮件服务器客户端的配置请参照 5.4 节,配置方法类似,不再赘述。

本 章 小 结

根据系统总体上的设计明确了该系统的任务目的、邮件系统原理、工作流程和邮件服务器的架构实施。邮件系统主要是要实现邮件用户代理(MUA)功能模块和用户传输代理（MTA）功能模块，MUA 包括用户登录邮箱、电子邮件的读取、电子邮件的回复、电子邮件的编辑处理等，MTA 包括电子邮件的发送、电子邮件的群发、电子邮件的认证等。

实 训 练 习

【实训目的】：

（1）用 Linux 搭建一台邮件服务器。

（2）邮件服务器的域名为：mail. test. com。

（3）邮件服务器的 IP 地址为：192. 168. 100. 1。

（4）客户端的 DNS 要能够解析邮件服务器的 IP 地址。

【实训内容】： 在 Linux 下搭建 Sendmail 服务器，并测试发送接收邮件。

【实训步骤】：

（1）配置 DNS 服务器，使其能够正确地解析到邮件服务器。

（2）安装 Sendmail 等相关的软件。

（3）配置 Sendmail 服务器。

（4）测试使用 Sendmail 服务器能否正确地收发电子邮件。

习　　题

一、选择题

1. 下列不属于邮件服务协议的是（　　）

A. SMTP　　　　　B. POP3　　　　　C. SNMP　　　　　D. IMAP

2. 如何查看 Sendmail 是否有启动（　　）？

A. telnet locahost 25　　　　　　　　B. telnet localhost 53

C. telnet localhost 110　　　　　　　D. telnet localhost 143

3. Sendmail 收到信件之后，交由下列哪一个程序放入使用者信包文件中（　　）？

A. procmail　　　　B. pine　　　　　C. mail　　　　　D. mbox

4. Sendmail 是一种（　　）

A. MTA(Mail Transfer Agent)　　　B. MDA(Mail Delivery Agent)

C. MMA(Mail Man Agent)　　　　　D. MUA(Mail User Agent)

5. Outlook Express 是一种（　　）

A. MTA(Mail Transfer Agent)　　　B. MDA(Mail Delivery Agent)

C. MMA(Mail Man Agent)　　　　　D. MUA(Mail User Agent)

二、简答题

1. 简述在 Linux 系统下配置邮件服务器的操作步骤。

2. 简述邮件系统的功能组件。